河北省软科学研究计划项目（项目编号 16K56215D）

从小做起，建设美丽中国

青少年能源知识与环保教育读本

夏 珑　曹丽媛　武 霞　编著

河北大学出版社
·保定·

出 版 人：耿金龙

责任编辑：王红梅

装帧设计：王占梅

版式设计：王洪涛

插图设计：王洪涛　王　静

责任校对：穆光烜

责任印制：靳云飞

CONGXIAO ZUOQI JIANSHE MEILI ZHONGGUO
QINGSHAONIAN NENGYUAN ZHISHI YU HUANBAO JIAOYU DUBEN

图书在版编目（C I P）数据

从小做起，建设美丽中国：青少年能源知识与环保
教育读本 / 夏珑，曹丽媛，武霞编箸 .——保定：河北
大学出版社，2019.4
ISBN 978-7-5666-1432-2

Ⅰ.①从… Ⅱ.①夏…②曹…③武… Ⅲ.①能源—
青少年读物②环境保护 - 青少年读物Ⅵ.① TK01-49
② X-49

中国版本图书馆 CIP 数据核字（ 2018）第 272015 号

出版发行：河北大学出版社
　地　址：河北省保定市七一东路 2666 号　邮编：071000
　电　话：0312-5073033　 0312-5073029
　邮　箱：hbdxcbs818@163.com　网址：www.hbdxcbs.com
经　　销：全国新华书店
印　　刷：保定市北方胶印有限公司
幅面尺寸：175 mm x 245 mm
印　　张：9.25
字　　数：130 千字
版　　次：2019 年 4 月第 1 版
印　　次：2019 年 4 月第 1 次印刷
书　　号：ISBN 978-7-5666-1432-2
定　　价：32.00 元

目　录

第一章　煤炭

第一节 煤炭——地下的宝藏

一 煤炭是什么

亿年修炼变乌金，地动天惊静养身。
为应人间求饱暖，一声呼啸化烟尘。

这首出自当代诗人左河水的诗《咏煤》描绘的正是神奇的煤炭。现在就让我们一起进入煤炭的世界吧。

煤炭对于现代化工业来说，无论是重工业，还是轻工业；无论是能源工业、冶金工业、化学工业、机械工业，还是轻纺工业、食品工

业、交通运输业，都有着重要的作用。各种工业部门都会在一定程度上消耗一定量的煤炭，因此有人称煤炭是工业"真正的粮食"，是18世纪以来人类世界使用的主要能源之一。那么到底煤炭是什么呢？

煤炭是古代埋藏在地下的植物经历了各种复杂变化后逐渐形成的。是不是很神奇？这黑黑的一块，它的真身竟然是植物。

二、煤炭的分类

虽然煤炭的真身是植物，但是，经历了不同的洗礼，也会有不同的变化，让我们一起来认识认识它们吧。

大家知道吗？煤炭可是世界上分布最广的化石能源，主要有烟煤、无烟煤、褐煤等几类。

先为大家介绍烟煤，烟煤一般为粒状、小块状，也有粉状的，大多是黑色并且富有光泽，质地细致。烟煤较易点燃，燃烧时火焰长，伴有大量黑烟，并且燃烧时间较长，燃烧时易结渣。

科普知识

中国是世界上最早利用煤的国家之一。辽宁省新乐古文化遗址中就发现有煤制工艺品，河南巩义市也发现有西汉时用煤饼炼铁的遗址。《山海经》中煤被称为石涅，魏晋时称煤为石墨或石炭。明代李时珍的《本草纲目》首次使用煤这一名称。古希腊和古罗马也是用煤较早的国家，古希腊学者泰奥弗拉斯托斯在公元前约300年著有《论石》，其中记载有煤的性质和产地。古罗马大约在2000年前已开始用煤加热。

接着是无烟煤，无烟煤有粉状和小块状两种，黑色，有金属光泽并且发亮；杂质少，质地紧密，不易燃烧；刚燃烧时上火慢，火上来后火力强；火焰短，冒烟少，燃烧时间长，燃烧时不易结渣。大家要注意，燃烧无烟煤时应掺入适量煤土，以减轻火力强度。

最后，我们来看看什么是褐煤。
褐煤多为块状，呈黑褐色，光泽暗，
质地疏松；容易点燃，燃烧时上火
快、火焰大、冒黑烟；燃烧时间短，
需经常加煤。

三、煤炭是怎样形成的

煤是堆积在湖泊、海湾、浅海等
地方的古代植物遗骸经过复杂的变化
作用后转化而成的。大家在显微镜下
可以发现煤中有植物细胞组成的孢
子、花粉等，在煤层中还可以发现植
物化石，是不是很神奇呢？

科学家们在考察研究后发现，在地球上曾经有过气候潮湿、植物茂盛的时
代，如石炭纪（距今约 2.8 亿 ~ 3.6 亿年）、二叠纪（距今约 3 亿年）、侏罗纪（距
今约 1.3 亿 ~1.8 亿年）等。当时大量繁生的植物在封闭的湖泊、沼泽或海湾等地
堆积下来，并迅速被泥沙覆盖，亿万年以后，植物变成了煤，泥沙变成了砂岩
或页岩。由于有节奏的地壳运动和反复堆积，同一地区往往有很多煤层，每层
煤都被岩石分开。

植物变为煤的过程可以分为三个阶段：

（1）菌解阶段，即泥炭化阶段。当堆积在水下的植物被泥沙覆盖的时候，
便逐渐与氧气隔绝，由细菌参与作用，促使有机质分解而生成泥炭。通过这种
作用，植物遗体中氢、氧成分逐渐减少，而碳的成分逐渐增加。泥炭质地疏
松，呈褐色，无光泽，可看出有机质的残体，用火烧可以引燃，烟浓灰多。

（2）煤化作用阶段，即褐煤阶段。当泥炭被沉积物覆盖形成顶板后，便形
成完全封闭的环境，细菌作用逐渐停止，泥炭开始压缩、脱水而胶结，碳的含

量进一步增加，过渡成为褐煤。这就是煤化作用。褐煤颜色为褐色或近于黑色，光泽暗淡，基本上不见有机物残体，质地较泥炭细密，用火柴可以引燃，有烟。

科普知识

世界煤炭可采储量的 60% 集中在美国、前苏联地区和中国，此外，澳大利亚、印度、德国和南非四个国家共占 29%，上述国家和地区的煤炭产量占世界总产量的 80% 多。已探明的煤炭储量是石油储量的 63 倍以上。世界上煤炭储量丰富的国家同时也是煤炭的主要生产国。

（3）变质阶段，即烟煤及无烟煤阶段。褐煤是在低温和低压下形成的。如果褐煤埋藏在地下较深位置，就会受到高温高压的作用，褐煤的化学成分就会发生变化，主要是水分和挥发成分减少，含碳量相对增加；物理性质也发生改变，主要是密度、比重、光泽和硬度增加，成为烟煤。这种作用是煤的变质作用。烟煤进一步变质后则成为无烟煤。

四、煤炭的用途有哪些

煤炭被人们誉为黑色的金子、工业的食粮，是 18 世纪以来人类世界使用的主要能源之一。虽然它的重要位置已被石油所取代，但由于石油日渐枯竭，而煤炭储量巨大，加之科学技术的飞速发展，煤气化等新技术日趋成熟并得到广泛应用，在今后相当长的一段时间内煤炭依然会是人类生产生活中的重要能源之一。

煤炭的用途十分广泛，可以根据其使用目的将其分为两种类型：动力煤和炼焦煤。

（一）我国动力煤的主要用途

发电用煤:我国约 1/3 以上的煤用来发电，电厂利用煤的热值，把热能转化为电能。

蒸汽机车用煤:占动力用煤的 2% 左右，蒸汽机车锅炉平均耗煤指标为 100 千克/（万吨·千米）左右。

建材用煤：约占动力用煤的 10% 以上，以水泥用煤量最大，其次为玻璃、砖、瓦等。

一般工业锅炉用煤：除热电厂及大型供热锅炉外，一般企业及取暖用的工业锅炉型号繁多，数量大且分散，用煤量约占动力煤的 30%。

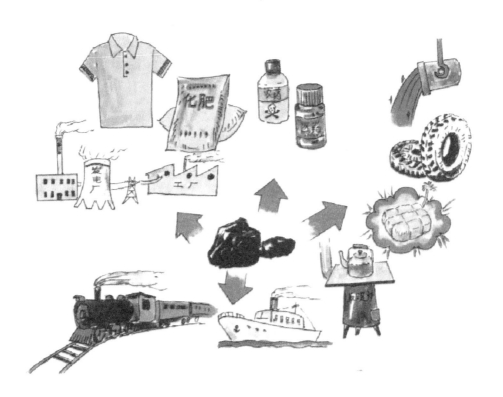

生活用煤：生活用煤的数量也较大，约占燃料用煤的 20%。

冶金用动力煤：冶金用动力煤主要为烧结和高炉喷吹用无烟煤，其用量不到动力用煤量的 1%。

（二）我国炼焦煤的主要用途

我国虽然煤炭资源比较丰富，但炼焦煤资源还相对较少，炼焦煤储量仅占我国煤炭总储量的 27.65%。

炼焦煤的主要用途是炼焦炭，焦炭由焦煤或混合煤高温冶炼而成，一般 1.4 吨左右的焦煤能炼 1 吨焦炭。焦炭多用于炼钢，是目前钢铁等行业的主要生产原料，被喻为钢铁工业的"基本食粮"。

2013 年，中国首座煤气化联合循环电站投产，华能天津 IGCC（整体煤气化联合循环发电系统）电站是我国首座 IGCC 示范电站。电站的投产标志着我国洁净煤发电技术取得了重大突破。

第二节　煤炭——"死神的镰刀"

尽管煤炭有很多用途，也对我们的工业发展做出了杰出贡献，但是煤炭的开采与燃烧都对我们的环境造成了巨大的危害。下面为大家具体讲解煤炭开采与燃烧带来的危害。

一、煤炭开采造成的污染和破坏

首先，煤矸石是采煤过程和洗煤过程中排放的固体废物。煤矿排出的煤矸石一般都就近堆放，随着堆放量的不断增加，堆场的占地面积也逐年扩大。煤矸石经过风化后，其表面的一些物质在风的作用下进入大气，严重污染了大气环境。下雨天，煤矸石在雨水的冲刷下，会携带其表层的小颗粒等流入河道，污染水资源。

其次，煤矿开采引起的地面塌陷是煤矿矿区一种极为普遍的地质灾害。并且，由于开采需要的一系列设备设施噪声大、震动强烈，造成的噪声污染也是极其严重的。

最后，煤炭开采需要大量木材，这不仅会导致森林资源急剧减少，也助长了乱砍滥伐的风气。

二、煤炭燃烧产生的污染和危害

首先，煤炭燃烧时会产生大量的二氧化碳气体，导致温室效应，而温室效应会使全球气候明显变暖。科学家预测，到21世纪中叶，地球表面平均温度将上升1.5～4.5℃，从而导致南北极冰雪部分融化。加上海水本身热膨胀，世界海平面将会上升25～100厘米，一些地势低洼的沿海城市将被海水淹没，数亿沿海居民将被迫迁移。

其次，煤炭燃烧会产生大量的有害气体，这些有害气体遇雨容易形成酸雨。我国相关部门对23个省市进行检测，其中90%以上发现酸雨。我国降雨酸度由北向南呈逐渐加重趋势。酸雨使土壤、湖泊、河流水质酸化，水生生态恶

化，危害农作物和其他植物生长。据统计，我国每年有近260多万公顷农田遭受酸雨污染，粮食作物减产10% 左右。同时，酸雨还腐蚀建筑材料，严重损害历史建筑及其他重要设施，由此造成的损失难以估计。

并且，煤炭燃烧也会产生大量的粉尘，污染环境。粉尘的颗粒大小不等。颗粒较大的，直径在10微米以上，因为重量较大能很快降落到地面，被称为落尘。颗粒较小的，直径在10微米以下，其中有些比细菌还小，它们长时间在空中飘浮，我们把它们称作飘尘。

飘尘对人体危害巨大。粒径在5~10微米的粒子能进入呼吸道，但可被鼻毛和呼吸道黏液阻挡排除。半微米至5微米的飘尘，能直接到达肺细胞，并在那里安家落户。有的飘尘还可能携带致癌病毒，十分危险。

粉尘落在植物上，会堵塞植物气孔，影响农林作物生长；粉尘也会加速金属材料和设备的腐蚀；粉尘还能把人们的手、脸甚至鼻孔熏黑，严重时还能刺激眼睛，引起结膜炎等疾病。煤产生的烟尘在空中弥漫，很容易形成大雾，增加交通事故发生率。

第三节　节能与环保，我们共同行动

节约用煤需要大家学会关注身边的点点滴滴，从小事做起，从自身做起。下面就为大家介绍如何在生活中节约用煤。

第一点，我国三分之一的煤都是用来发电的，所以，我们节约用电就是在节约用煤。大家在上午或下午阳光充足的时候可以关灯以节约用电，并且养成随手关灯的好习惯。

第二点，出行选择交通工具时，尽量选择以清洁能源为燃料的交通工具，例如高铁、动车。减少使用蒸汽机车也是在节约用煤。

第三点，建材用煤以水泥用煤量最大，其次为玻璃、砖、瓦等。父母装修房屋的时候，可以建议父母减少使用水泥、玻璃等材料，尽量选择环保材料来装饰房屋。

第四点，在日常生活中，我们尽可能少用煤炭生火做饭，而是选择用电磁炉、燃气灶等做饭，既环保又快捷。

科普知识

二氧化碳对太阳辐射（包括可见光、红外光和紫外光等）的吸收能力很强，吸收后转化为热能。当散失热能的能力不强时，地球周围就形成一个玻璃温室，我们称之为"温室效应"。

第二章　石油

第一节　石油——"黑金"的诱惑

同学们，当你乘坐在高速奔驰的汽车上，欣赏窗外流动着的美丽风光时；当你点燃绚丽多彩的生日蜡烛，聆听那美妙动听的旋律，沉浸在幸福满足的氛围中时；当你穿上漂亮衣服引来众多羡慕的目光而洋洋得意时，你们是否想到过"石油"？提到这个问题，你一定会惊奇地反问："我为什么要想到石油？这一切与它有什么关系？"事实上，没有石油，就没有这一切，你信吗？下面就让我们一起来认识石油。

一、石油是什么

石油又称原油，是一种黏稠的深褐色液体。石油是目前世界上应用最广、最重要的能源之一，但它又是一种不可再生能源，许多人担心石油用尽将会产生严重的后果。由于石油具有极高的价值，因此它又被人们称为"黑金"。

石油的形成需要漫长的时间，研究表明，石油的生成至少需要 200 万年的时间，在现今已发现的油藏中，时间最久的达 5 亿年。大多数地质学家认为，石油是由史前的

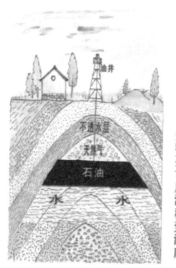

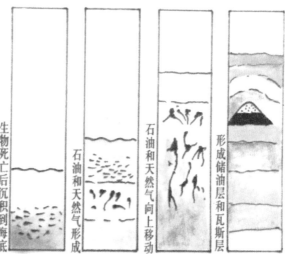

海洋动物和藻类尸体变化形成的。在遥远的远古时代，大量的动植物死亡后，尸体与淤泥混合，被埋在厚厚的沉积岩下，在地下的高温和高压作用下逐渐转化为石油。

二、石油的常见种类及用途

1. 透明的汽油

车用汽油使轿车在高速路上奔驰；航空汽油使飞机在空中飞行。

2. 淡黄色的煤油

煤油除了可以点灯照明外，还可用作机械零部件的洗涤剂、橡胶和制造工业的溶剂等。

3. 褐色的柴油

柴油主要用于车辆、船舶的柴油发动机。

4. 多种功能的润滑油

实际上，宇宙飞船、通信卫星、飞机、火车、汽车、轮船，以及日常生活

中的电风扇、缝纫机等，凡是运动着的机器，转动着的部件，都离不开有润滑作用的润滑油。

5.默默无闻的石油沥青

沥青可以铺设公路；修建房屋时，常用沥青做防水层；铁路枕木上涂上沥青可以防腐；水库水坝铺上一层沥青可以防渗、防漏；沥青还可以与其他材料混合制成沥青油漆、沥青橡胶、沥青涂料等产品。除此之外，沥青还可作绝缘材料和电缆保护层。

6.深受人们赞美的石蜡

石蜡的用途是十分广泛的，它可以制取蜡纸，还可以用于食品、药品的包装及金属防锈和印刷业上；石蜡加入棉纱后，可使纺织品柔软、光滑又富有弹性；石蜡还可以制成洗涤剂、乳化剂、分散剂、增塑剂、润滑脂等。

科普知识

为落实国务院《大气污染防治行动计划》，国家标准委于 2013 年 12 月 18 日发布了我国第五阶段车用汽油国家标准，该标准自发布之日起实施，自 2017 年 1 月 1 日起，全国范围内供应第五阶段车用汽油。与第四阶段车用汽油国家标准相比，国五车用汽油标准最主要的变化可以概括为"三减、二调、一增加"。"三减"是指将硫含量指标限值由第四阶段的 50pPm 降为 10ppm，降低了 80%；将锰含量指标限值由第四阶段的 8 毫克 / 升降低为 2 毫克 / 升，禁止人为加入含锰添力 p 剂；将烯烃含量由第四阶段的 28% 降低到 24%。"二调"是指调整蒸汽压和牌号。其中，冬季蒸汽压下限由第四阶段的 42 千帕提高到 45 千帕，夏季蒸汽压上限由第四阶段的 68 千帕降低为 65 千帕，并规定广东、广西和海南全年执行夏季蒸汽压。同时，考虑到第五阶段车用汽油由于降硫、禁锰引起的辛烷值减少，以及我国高辛烷值资源不足情况，结合我国炼油工业实际，该标准将国五车用汽油牌号由 90 号、93 号、97 号分别调整为 89 号、92 号、95 号。"一增加"是指在标准附录中增加了 98 号车用汽油的指标要求。

三、石油与人类生活密切相关

石油跟人们的日常生活有什么关系？恐怕人们能想到的，都是与交通有关的。而事实上，石油跟我们的衣食住行密不可分，看看这些令人惊奇的数字吧：人一生要"吃"掉 551 千克石油，"穿"掉 290 千克石油，"住"掉 3780 千克石油。可以说，我们日常生活中的"衣、食、住、行"样样都离不开石油。

1. 七彩霓裳——衣与石油

生活中我们制作衣服用的尼龙、涤纶、锦纶、维纶等材料，都来源于石油。可以说，正是石油为我们编织了七彩霓裳。

2. 养育生命——食与石油

植物的培育需要肥料，化肥的使用极大地提高了农业的产量。塑料大棚的应用使得市场上的蔬菜应有尽有，即使在冬季也不缺新鲜蔬菜。

3. 美好家园——住与石油

石油的一大产品是塑料，可以说，现代家庭装修很多都离不开塑料，无论是门窗、顶棚还是装饰材料或灯具等，都是以各种合成树脂为原料。在现代家庭中，少不了用塑料制成的既轻便又美观的时尚家具。

4. 亲近你我——行与石油

汽车、火车、轮船、飞机等现代交通工具给人类的出行带来便利，正是石油化工为这些交通工具提供了动力燃料。

第二节　石油——环境破坏的参与者

石油污染带来的危害主要有三类，分别是土壤污染、水体污染和空气污染。

一、土壤污染

石油在开采和运输过程中会对生态环境造成影响。石油在开采过程中会产生大量的含油废水、有害的废泥浆以及其他一些污染物，如果处理不好就会污染周边土壤、河流甚至地下水。

石油对土壤的严重污染会导致石油的某些成分在农作物中积累，影响粮食

的品质，并通过食物链危害人类自身的健康。

二、水体污染

石油及石油产品对水体的污染主要有海洋、江河湖泊和地下水污染。

在炼油工业中，大量含油废水排出，由于排放量大，常常超出水体的自净能力，从而形成石油污染。

据统计，全世界每年倾注到海洋的石油达 200 万～1000 万吨，由于航运而排入海洋的石油污染物达 160 万～200 万吨。海洋石油污染危害是多方面的，如海上石油泄漏有可能引发大火，烧死大量海洋生物。油类黏附在鱼类、藻类和浮游生物上，会导致它们死亡。同时，污染的水体会破坏海洋生物的生存环境，导致海洋生物死亡和种群数量下降。

三、大气污染

石油产品燃烧中产生的气体二氧化硫会严重污染大气，汽车尾气就是其中之一，它也是雾霾产生的罪魁祸首之一。

石油燃烧产生的气体对人体的危害主要是损害人的呼吸系统。它在高空中被雨雪冲刷、溶解，会形成酸雨。

科普知识

PX（二甲苯）是一种化工原料，我们日常所用到的很多塑料用品都和它有关。PX是石油的衍生产品，它是由石油加工提纯后剩余下来的物质再分解出来的一种化工原料。但是PX项目如果管理不好的确会造成大量的污染，所以在项目选址方面需要慎重考虑。

第三节 节能与环保，我们共同行动

石油与我们的日常生活息息相关，我们应该用我们的行动为节约石油资源、保护环境贡献一份力量。在生活中我们可以做到以下几个方面：

在穿衣方面，我们可以少买不必要的衣服；减少住宿宾馆时的床单换洗次数；循环利用旧衣物。

　　做饭时系上围裙，干其他活儿时穿上劳动服，保护衣服不被污损，以延长服装的寿命。

　　以节能方式洗衣，如每月手洗一次衣服，每年少用1千克洗衣粉，选用节能洗衣机等。

　　在食物方面，杜绝粮食浪费和畜产品浪费；少用或不用一次性筷子、纸杯、快餐盒等。使用低碳烹调法，尽量节约厨房里的能源，如减少煎炒烹炸的菜肴，多煮食蔬菜；调整火苗的燃烧范围，使其不超过锅底外缘，获取最佳加热效果；变质的饭菜可以埋在地里做肥料，沾了油的锅和盘子要先用用过的餐巾纸擦干净，这样洗起来既节水省时，又可少用洗涤剂。

　　在住房方面，我们可以节能装修，减少装修铝材、钢材、木材和建筑陶瓷的使用量。

　　在照明方式方面，家庭照明改用节能灯，在家随手关灯，增加公共场所的自然采光，公共照明采用半导体灯等。

　　使用空调时，夏季空调温度在国家提倡的基础上调高1℃，选用节能空调，

出门之前提前几分钟关空调。

我们还可以建议家长每月少开一天车；选购小排量汽车；科学用车，注意保养；旅行时先计划好最佳路线再出发；出门多搭乘公共汽车；提高办事效率，除非必需，不单独驾车出门，减少因堵车造成的能源浪费和环境污染。

第三章　天然气

第一节　神奇的天然气

一、天然气是什么

同学们，当你们看到长长的天然气管道时，是否会好奇天然气究竟长什么样？其实，天然气是无色无味无毒的气体，并且不溶于水，所以你看不见也摸不着。它存在于地下岩石储集层中，是以烃为主体的混合气体，比重约 0.65，比

空气还要轻。

科普知识

　　天然气作为一种能源为人类了解和利用，已经有2000多年的历史。中国作为世界上较早利用天然气的国家之一，早在公元前3世纪就有用天然气熬盐的记载。但是，天然气作为重要的能源和化工原料为社会所重视和大力开发利用应该是以1925年美国铺设第一条天然气长输管道（路易斯安那州北部至德克萨斯州博芒特市）为标志，它把天然气作为商品大量推向市场，开创了天然气利用的新时代。

二、天然气是怎样形成的

　　天然气的形成是很复杂的，下面我们介绍三种主要形成原因：

　　第一，生物成因。在浅层生物化学作用带内，沉积有机质经微生物群体发酵和合成作用形成的天然气。

　　第二，有机成因。主要有生化作用、热化学作用、煤氧化作用等。

　　第三，无机成因。

　　（1）上地幔岩浆中富含二氧化碳气体，当岩浆沿地壳薄弱带上升、压力减小，其中二氧化碳逸出。

　　（2）碳酸盐岩受高温烘烤或生成变质可成大量二氧化碳，当有地下水参与或含有杂质，98～200℃也能生成相当量的二氧化碳。

　　（3）碳酸盐矿物与其他矿物相互作用也可生成二氧化碳，如白云石与高岭石作用。

在公元前6000年到公元前2000年间，人类就发现了从地表渗出的天然气。渗出的天然气刚开始可能用作照明，崇拜火的古代波斯人因而有了"永不熄灭的火炬"。中国对天然气的利用有十分悠久的历史，特别是通过钻凿油井合并来开采石油和天然气的技术，在世界上是最早的。

三、天然气有哪些种类

天然气蕴藏在地下多孔隙岩层中，包括油田气、气田气、煤层气、泥火山气和生物生成气等，也有少量出于煤层。它是优质的燃料和化工原料，可制造炭黑、化学药品和液化石油气，由天然气生成的丙烷、丁烷是现代工业的重要原料。天然气主要有以下四种：

（1）根据天然气在地下存在的相态，可将天然气分为游离态、溶解态、吸附态和固态水合物。

（2）根据天然气的存在生成形式又可将天然气分为伴生气和非伴生气。

（3）根据天然气的蕴藏状态，又可将天然气分为构造性天然气、水溶性天然气和煤矿天然气。

（4）根据天然气的成因可将天然气分为生物成因气、油型气和煤型气。

四、天然气的用途有哪些

我们的生活与天然气息息相关，天然气作为一种清洁高效的化石能源，它的开发利用也越来越受到世界各国的重视。以天然气作为能源，不仅可以减少煤和石油的用量，大大改善环境污染问题，同时，天然气作为一种清洁能源，还有助于舒缓地球温室效应，改善环境质量。接下来，我们就一起走近天然气，看看天然气在我们的生活中究竟发挥着什么样的作用。

（一）食与天然气

天然气是制造氮肥的最佳原料，具有投资少、成本低、污染少等特点。而蔬菜瓜果在施用氮肥之后会更加茁壮地成长。

此外，天然气的使用在我们的日常生活中十分普遍，天然气管道中住着的就是天然气，香甜的米饭和美味的佳肴很多时候就是用天然气做出的。

科普知识

我国存量气价格调整"三步走"战略

2013 年 6 月，我国出台了天然气价格调整方案，其中非居民用天然气价格调整区分存量气和增量气。增量气门站价格一步调整到与可替代能源价格保持合理比价关系的水平，存量气价格调整则分"三步走"。2013 年 7 月 10 日起，调整非居民用天然气门站价格，存量气门站价格每立方米提价幅度最高不超过 0.4 元，增量气门站价格按可替代能源（燃料油、液化石油气）价格的 85% 确定。

2014 年 9 月 1 日起，非居民用存量天然气门站价格每立方米提高 0.4 元，同时明确全面放开进口液化天然气和非常规天然气价格。

2015 年 4 月 1 日起，非居民用存量气和增量气门站价格实现并轨，实现了理顺非居民用气价格的目标，同时试点放开直供用户用气价格。

（二）住与天然气

过去我们取暖一般是用煤炭，但现在我们有了更为清洁的能源— 天然气。天然气代替煤供暖，能够减少煤炭燃烧带来的危害，改善大气环境。同时，在对天然气进行一定处理后，安装天然气发电机组也可以用来发电。

（三）行与天然气

大家知道什么是压缩天然气汽车吗？它是以压缩天然气作汽车燃料的车辆。将定型汽油车改装，在保留原车供油系统的情况下，增加一套专用压缩天然气装置，就是压缩天然气汽车了。加充一次天然气可行驶 200 公里左右，特别适合公共汽车、市内的士以及往返里程不超过 200 公里的中巴车等。

第二节　危险的天然气

一、会使人窒息的天然气

大家需要注意的是：天然气是具有一定危险性的气体，它在空气中达到一定含量后会使人窒息。天然气不像一氧化碳那样具有毒性，它本质上是对人体无害的，但如果天然气处于高浓度的状态，空气中的氧气不足以维持生命的话，还是会致人死亡的。

二、会爆炸的天然气

作为燃料，天然气也会因发生爆炸而造成人员伤亡。

虽然天然气比空气轻而容易发散，但是当天然气在房屋或帐篷等封闭环境

下聚集，并达到一定的比例时，就会发生威力巨大的爆炸。爆炸可能会夷平整栋房屋，甚至殃及邻近的建筑。天然气车辆的发动机中，压缩天然气也可能会爆炸。因为气体挥发的性质，天然气在自发的条件下基本是没有爆炸危险的，但如果因外力因素天然气浓度达到 5%～15%，就会引发爆炸。

三、安全使用燃气常识

安全使用天然气很重要哦！下面介绍几个燃气使用安全常识，以使大家对此有大概的了解。

要在规定的区域和时间内安全燃放烟花爆竹；发现燃气泄漏，要迅速关闭阀门，打开门窗通风，切勿触动电器开关等。

燃气泄漏的处理如下图所示：

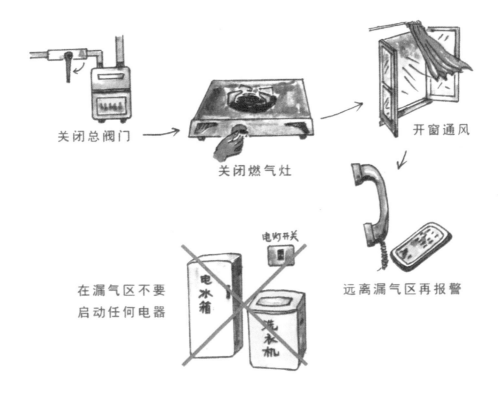

关闭总阀门　　关闭燃气灶　　开窗通风

在漏气区不要启动任何电器　　电灯开关　　电冰箱　　洗衣机　　远离漏气区再报警

日常预防措施：

1.购买合格的燃气器具；

2.要定期检查，确保燃气器具性能良好，及时更换老化部件；

3.灶具使用中，如发现熄火，要立即关闭开关；

4.在停止使用燃气或者临睡前，检查燃气器具开关是否全部关闭；

5.燃气表、燃气灶严禁安装在卧室内；

6.长期不用要关闭阀门；

7.燃气灶在使用时必须有人照看。

第三节　节能与环保，我们共同行动

在天然气的用途中，最为广泛的就是使用天然气做饭与取暖了。接下来就为大家介绍用天然气做饭或取暖的五个小窍门。

第一，火焰不要太大。做饭时火不是越大越好。天然气的火焰由三部分组成，外焰温度最高，中焰次之，内焰温度最低。做饭时火焰太大，实际上就是在用外焰，这样会散失大部分热量。

第二，避免烧空灶。做饭时，应事先把要做的食物都准备好，然后再点火做饭，避免烧空灶。如果是熬汤或是炖东西的话，可以先用大火烧开，然后调小火，只要保持不溢出就行。

第三,保持锅底清洁。做饭时,锅底与灶头的最佳距离为20毫米左右,同时还要注意保持锅底清洁、干爽，以便热量尽快传到锅内，达到节气的目的。

　　第四,关闭或调低无人居住房间的暖气片阀门。在住房面积较大、房间较多且人口又比较少的情况下，不住人或者使用频率低的房间的暖气片阀门可以关闭或调小，这样相当于减少了供热面积，不仅节能，而且温度上升也快。

　　第五，家中无人时不宜关闭壁挂炉，将温度挡位调至最低即可。很多上班族习惯在家中无人时将锅炉关闭，下班后再进行急速加热，这种做法非常不科学。因为这样就等于一切从头开始。由于室温与锅炉设定温度温差较大，锅炉需要在一定时间内大火运行，这样不但不节能，反而会更加浪费燃气。

第四章 水

第一节　水——熟悉又陌生的朋友

一、什么是水

大家都知道地球是由液态水覆盖的星球。当我们打开世界地图时，或者当我们面对地球仪时，呈现在我们面前的大部分区域都是鲜艳的蓝色。而地球也是一个名副其实的大水球，地球 71% 以上的表面都是水，但大家知道究竟什么是水吗？

水的化学式是 H_2O，它是由氢、氧两种元素组成的无毒无机物。水在常温常压下为无色无味的透明液体，鉴于其在生命演化中起到的重要作用，水常常被称为人类生命的源泉。狭义上说水是不可再生的，广义上说水则是可再生资源。

科普知识

水能是指水体的动能、势能和压力能等能量资源，是一种可再生能源，是清洁能源。广义的水能资源包括河流水能、潮汐水能、波浪能、海流能等能量资源；狭义的水能资源指河流的水能资源，是常规能源、一次性能源。早在1900多年前，我们的祖先就制造了木质的水轮，利用流水冲击水轮转动带动水磨来碾谷子、磨面。进入19世纪后，人们掌握了电的知识，利用水轮机带动发电机发电，再把电输送到工厂中去。

二、水家族成员

水与人们的生活息息相关，我们的生活不能没有水。可是你们仔细观察过水吗？天上落下的雨水和杯子里的凉开水一样吗？泉水和超市里出售的纯净水一样吗？答案当然是"不一样"。水家族的成员十分庞大。水可以分为河水、矿泉水、石灰水、蒸馏水、自来水、海水等。下面就给大家介绍几种水的类别和概念。

（一）地下水与地表水

地下水是水资源的重要组成部分，在国家标准《水文地质术语》中，地下水是指埋藏在地表以下各种形式的重力水。由于水量稳定、水质好，地下水是农业灌溉、工矿和城市的重要水源之一。但在一定条件下，地下水的变化也会引起沼泽化、盐渍化、滑坡、地面沉降等不利于生产生活的自然现象。

地表水是指陆地表面动态水和静态水的总称，也叫作"陆地水"，包括各种液态的和固态的水体，主要有河流、湖泊、沼泽、冰川、冰盖等。它是人类生活用水的重要来源之一，也是水资源的主要组成部分。

（二）纯净水与蒸馏水

纯净水指的是纯洁、干净、不含有杂质或细菌的水。它是将天然水经过多道工序处理、提纯和净化的水。经过多道工序后的纯净水除去了对人体有害的物质，同时除去了细菌，因此可以直接饮用。

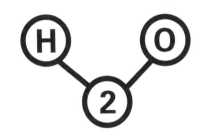

蒸馏水就是将水蒸馏、冷凝的水。我们平时在蒸饭或者蒸包子的锅盖上看到的水珠都是蒸馏水。由于蒸馏水不导电，使用蒸馏水可以保证机器运行稳定，延长电器使用寿命。

（三）自由水和结合水

自由水是在生物体内或细胞内可以自由流动的水，是良好的溶剂和运输工具。水在细胞中是以自由水与结合水两种状态存在的，但由于存在状态不同，其特性也不同。自由水的流动性强、易蒸发，是可以参与物质代谢过程的水。结合水则是吸附在有机固体物质上的水，这部分水不蒸发，不能析离，失去了流动性和溶解性，是生物体的构成物。比如心脏，心肌的含水量约79%，和血液含水量差不多，但其所含的水主要为结合水，所以呈现的是坚实形态。

三、水的形成

关于水是如何形成的，目前有很多不一样的观点，一部分人认为水是自生的，一部分人则认为水是外来的。大家支持下面的哪个观点呢？

（一）有人认为地球从原始星云凝聚成行星后，由于内部温度变化和重力作用，地球在逐渐分化出圈层的过程中，经过各种物理及化学作用就生成了水。

（二）有人认为水是在玄武岩熔化后冷却形成原始地壳的时候产生的。最初地球是一个冰冷的球体，后来，存在于地球内部的一些放射性元素开始衰变，释放出热能。由此，地球内部的物质也开始熔化，并从中分离出大量水蒸气。

（三）有人认为地下深处的岩浆中含有丰富的水。火山口处的岩浆平均含水6%，有的可达12%，而且越往地球深处含水量越高。据此，有人根据地球深处岩浆的数量推测，在地球存在的46亿年内，深部岩浆释放的水量可达现代地球大洋水的一半。

（四）还有人认为火山喷发释放出大量的水。从现代火山活动情况看，几乎每次火山喷发都有约75%以上的水汽喷出。据此有人认为，在地球的全部历史中，火山抛出来的固体物质总量为全部岩石圈的一半，火山喷出的水也可占现代地球大洋水的一半。

（五）人们在研究球粒陨石成分时，发现其中含有一定量的水，一般为0.5%～5%，有的高达10%以上，而碳质球粒陨石含水更多。一般认为，地球和太阳系的其他行星都是由这些球粒陨石凝聚而成的，所以，一些人认为水是外来的。

（六）当太阳风到达地球大气圈上层后，带来的物质在地球大气的高层中经过一系列的反应就可以形成水分子。据估计，在地球大气的高层每年几乎产生1.5吨这种"宇宙水"。然后，这种水以雨雪的形式降落到地球上，这是水外来说的另一种观点。

第二节　水与我们的生活

一、水——生命之源

水是生命之源，从生命在水中形成的第一天起，水在生命体中的作用就没有发生过改变。水在我们身边发挥着巨大的作用，对于气候、地理、工程和人体来说都是不可缺少的。

（一）水对气候的作用

水对气候具有调节作用。大气中的水汽能阻挡地球辐射量的60%，使地球不会被冷却。而海洋和陆地的水体在夏季能吸收和积累热量，使气温不致过高；

在冬季则能缓慢地释放热量，使气温不致过低。并且，海洋和地表中的水蒸发到天空中形成了云，云中的水分子达到一定数量时通过雨或雪的形式落下。雨雪等降水活动对气候会产生重要的影响。在温带季风性气候中，夏季风带来了丰富的水汽，夏秋多雨，冬春少

雨，形成明显的干湿两季。

（二）水对地理的作用

地球表面的 71% 被水覆盖，从空中来看，地球就是个蓝色的星球。地球表层水体构成了水圈，包括湿地、海洋、河流、湖泊、沼泽、冰川、积雪、地下水和大气中的水。由于注入海洋的水带有一定的盐分，加上常年的积累和蒸发作用，海洋里的水是咸水，不能被直接饮用。某些湖泊的水也含盐分，比如死海。并且，水会通过侵蚀岩石土壤、冲淤河道、搬运泥沙、营造平原而改变地表形态。

（三）水对工程的作用

桔槔作为农村旧式提水器具很早就已开始使用。桔槔是在一根竖立的架子上加上一根细长的杠杆，当中是支点，末端悬挂一个重物，前端悬挂水桶。当人把水桶放入水中打满水时，由于杠杆末端的重力作用，人们便能轻易把水提拉至所需之处。

古代亚述国王为了灌溉首都附近的珍稀植物，修了一条长长的运河，从附近的水源处引水灌溉这些植物。同样地，位于墨西哥的特诺奇提特兰古都四周有许多湖，阿兹特克人在湖中建台田，并且在台田周围挖了沟渠用于灌溉，类似于中国的水田。

20 世纪 80 年代后，滴灌技术开始普遍采用，预计到 2030 年，我国滴灌面积将达到 310 万公顷。主要用于蔬菜、水果、花卉、棉花等种植上。滴灌投资并不比喷灌高，不仅节水，而且对地形、土壤、环境的适应性强，不受风力和气候影响；肥料和农药可同时随灌溉水施入根系，省肥省药，还可防止产生次生盐渍化，消除根区有害盐分。滴灌技术的采用使作物产量成倍增长，种植业产值的 90% 以上来自灌溉农业。

科普知识

三峡水电站

三峡水电站，即长江三峡水利枢纽工程，又称三峡工程，是由湖北省宜昌市境内的长江西陵峡段与下游的葛洲坝水电站构成的梯级电站。三峡水电站是世界上规模最大的水电站。三峡工程的经济效益主要体现在发电方面，并且该工程也是中国西电东送工程中线的巨型电源点。

（四）水对人体的作用

对于人来说，水是仅次于氧气的重要物质。在成人体内，60%～70% 的质量是水。儿童体内水的比重更大，可达 80%。水对生命具有重要意义，人体内失水 10% 就会威胁到健康，失水 20% 就会有生命危险。

同时，水还有治疗常见病的作用。比如，清晨一杯凉白开水可治疗色斑；餐后半小时喝一些水可以减肥；热水是强效的安神剂，可以缓解失眠；睡前一杯水对心脏有好处；恶心的时候可以用盐水催吐。

二、水——生命之痛

当人类活动改变了天然水的性质和组织，影响水的使用价值或危害人类健

康，我们将这种现象称为水污染。水污染的类型主要有以下四种：

1. 生理性污染。是指污染物排入天然水体后引起的嗅觉、味觉、外观、透明度等方面的变化。

2. 物理性污染。是指污染物进入水体后改变了水的物理特性。如放射性物质、油、泡沫等污染。

3. 化学性污染。是指污染物排入水体后改变了水的化学特征。如酸碱盐、农药等造成的污染。

4. 生物性污染。是指病原微生物排入水体，直接或间接地传染各种疾病。

水污染所带来的危害也十分巨大，主要表现在环境、生产以及人体三方面的危害：

（1）在环境方面，水污染会导致生物减少或灭绝，严重破坏生态平衡，并且容易造成各类环境资源的价值降低。

（2）对生产的危害主要是被污染的水由于达不到生产和灌溉的要求而导致工农业减产。

（3）水污染会对人体造成严重危害。饮用污染水可能会引起急性或慢性中毒、诱发癌变、传染病及其他一些病症，并且污染的水引起的感官恶化也会降低人们的生活质量。

水污染是一个世界性的话题，为了引起大家对水污染的重视，下面介绍一下各国的水污染情况。

（1）中国癌症村超247个

水是生命之源，但随着城镇化、工业发展以及人口数量的不断增长，我国面临着十分严峻的水污染形势，部分地区水质甚至出现持续恶化的状况。部分专家学者指出，地下水污染问题已经到了无以复加的程度。一些地区癌症呈现高发态势，甚至出现"癌症村"，这些都被认为和长期的水污染密切相关。华中师范大学地理系学生孙月飞在题为《中国癌症村的地理分布研究》的论文中指出，中国癌症村的数量超过247个，涵盖中国大陆的27个省份。

（2）日本水俣病事件

日本熊本县水俣镇一家氮肥公司排放的废水中含有汞，这些废水排入海湾后经过某些生物的转化，形成甲基汞。这些汞在海水、底泥和鱼类中富集，又通过食物链使人中毒。当时，最先发病的是爱吃鱼的猫，中毒后的猫发疯痉挛。1956年，出现了与猫的症状相似的病人。因为开始时病因不清，所以用当地地名命名。1991年，日本环境厅公布的中毒病人有2248人，其中1004人死亡。

（3）骨痛病事件

镉是人体不需要的元素。日本富山县的一些铅锌矿在采矿和冶炼中排放废水，废水在河流中积累了重金属"镉"。人长期饮用这样的河水，食用含镉河水浇灌的稻谷，就会得"骨痛病"。病人骨骼严重畸形，身长缩短，骨脆易折。

（4）剧毒物污染莱茵河事件

1986年11月1日，瑞士巴塞尔市桑多兹化工厂仓库失火，近30吨剧毒的硫化物、磷化物与含有水银的化工产品随灭火剂和水流入莱茵河。顺流而下的160公里内，60多万条鱼被毒死，480公里以内河岸两侧的井水不能饮用，靠近河边的自来水厂关闭，啤酒厂停产。有毒物沉积在河底，莱茵河因此而"死亡"20年。

第三节　节能与环保，我们共同行动

水是我们的生命之源，因此我们需要用实际行动为节约水资源贡献自己的力量。在生活中我们可以做到以下几个方面：

（1）在关闭水龙头时，要注意拧紧水龙头，不要让水从水龙头里漏出来，如果水龙头坏了就要重新安装。

（2）在洗衣服的过程中，将衣物集中洗涤，减少洗衣次数；小件、少量衣物提倡手洗；洗涤剂投放适量，不浪费水资源。

（3）洗浴时最好间断放水淋浴，搓洗时要及时关水，避免过长时间冲淋。

（4）清洗器具时可以先用纸擦除炊具、食具上的油污，再用水洗涤，这样可以减少用水量；淘米洗菜时要注意控制水龙头流量，改不间断冲洗为间断冲洗；洗菜水要记得回收利用，用于拖地、冲洗厕所等。

告诉大家一个节水小窍门，马桶水箱中放入一个装有 500 毫升水的水瓶，这样每次冲水就可以减少水量，从而做到节约用水。

第五章 太阳能

第一节　太阳能——能源之母

大家对太阳应该都不陌生吧，太阳每天东升西落，在为地球带来光明的同时，还赋予其巨大的能量。当你在浴室里洗一个舒服的热水澡时；当你夜晚行走在外，马路旁的路灯为你照亮脚下的路时；当你用充电器给你的手机充电时，有没有想到这些可能会与太阳有关？

那对于这个人类的好伙伴，你知道它是怎样形成的吗？

在浩瀚的宇宙中，星体之间并不是空无一物，而是布满了物质，包括气

体、尘埃或两者的混合物。现代科学认为其中一种低温、不发光的星际尘云，是形成恒星的基本材料。

当星云邻近有超新星爆炸，产生的震波通过星际尘云时，便会把它压缩，而使星际尘云的密度增加到可以靠本身的重力持续收缩。这种靠本身重力使体积越缩越小的过程，称为"重力溃缩"。

大约五十亿年前，宇宙中一个名为"原始太阳星云"的星际尘云，开始重力溃缩。它的体积越缩越小，核心的温度也越来越高，密度也越来越大。当体积缩小到原来的百万分之一后，便成为一颗原始恒星，核心区域温度也升高而趋近于一千万摄氏度左右。当这个原始恒星或胎星的核心区域温度高达一千万度，触发了氢融合反应时，也就是氢弹爆炸的反应。此时，一颗叫太阳的恒星便诞生了。下面让我们一起来了解一下太阳能吧。

一、太阳的巨大能量

太阳能是由太阳内部连续不断的核聚变反应过程产生的能量。太阳能目前只提供全球能源中的很小一部分，远远低于1%，但如果地球1%的陆地区域装上光电装置，就能满足全球的能源需求。并且在大约20年里全球表面的1%所得到的太阳能将等于所有已知化石燃料储备能量的总和。大家是不是对太阳巨大的能量惊叹不已？

我们称太阳能为能源之母，不仅因为其有巨大的能量，还因为风能、水能以及海洋温差能、波浪能和部分潮汐能都来源于太阳。即使是地球上的化石燃料，从根本上说也是远古以来储存下来的太阳能。

二、太阳能的分类

我们把太阳能分为两类：被动的太阳能和主动的太阳能。

被动的太阳能不会使接受能量的物质（空气、水、建筑等）发生位置的改变，比如一些高楼大厦的设计考虑吸收和反射太阳光，以满足人们取暖或制冷

的需求。

　　主动的太阳能是设计专门接受太阳巨大能量的设备来达到取暖、制冷、发电的功效，比如太阳能热水器、太阳能路灯等。

第二节　太阳能——未来能源供应的主角

一、太阳能在澳大利亚

相信不少同学喜欢赛车，但是同学们是否知道太阳能已经被应用到了汽车领域了呢？

自 1987 年以来，澳大利亚每隔两年举行一次太阳能动力小汽车比赛，参赛小汽车从澳大利亚达尔文行使到阿德莱德，这 2000 多公里的路程考验了这个国家将太阳能转化为电能的能源替代技术的成熟度。

二、太阳能在德国

2005 年，当时世界上最大的太阳能光伏系统开始在德国巴伐利亚发电。这

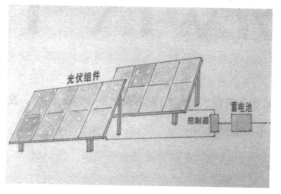

里的太阳能设施是一排排长方形面板，它们在日间缓慢旋转，像向日葵一样追随着太阳。这些太阳能设施可以提供德国所需要的全部能源，如小汽车、卡车、火车等需要的能源。

科普知识

光　伏

　　光伏是太阳能光伏发电系统的简称，是利用太阳能电池半导体材料的光伏效应将太阳光辐射能直接转换为电能的一种新型发电系统。

三、太阳能在美国

　　美国是世界上能量消耗最大的国家，先后通过了《太阳能供暖降温房屋的建筑条例》《节约能源房屋建筑法规》等法律条文来鼓励新能源使用。20 世纪 80 年代，美国出现了一批比较著名的被动式太阳房示范建筑，比如位于新泽西州普林斯顿的凯尔布住宅、位于新墨西哥州科拉尔斯的贝尔住宅等。这些建筑供暖率均在 75% 以上，有的已达到 100%。

　　美国的旧金山湾也已经被光伏系统所覆盖，由光伏系统覆盖一英亩面积提供的电力足够 379 个家庭使用。

　　美国商务部认为，太阳能建筑将成为交易市场中的香饽饽，可见太阳能

在美国的发展前景。

此外，法国、英国等发达国家也拥有相当先进的太阳能建筑应用技术。著名的集热蓄热采暖方式就是法国人菲利克斯·特朗勃的专利，法国的奥代洛太阳房是该采暖理论转化为实际应用的第一个样板房。

虽然世界各国都在积极利用太阳能资源，但是目前我们消耗的能量仅为地球从太阳获得总能量的万分之二左右。可见，太阳的能量多么巨大！未来太阳能潜力无限，将成为能源的主要参与者。

科普知识

太阳能瓦片

随着美国"太阳能计划"的实施，特斯拉首席执行官马斯克于 2016 年研制出"太阳能瓦片"，可直接把太阳能板和屋顶瓦片整合在一起。"太阳能瓦片"质地为高强度的钢化玻璃，抗击打性超强。此瓦片还有一大亮点，就是所有的太阳能板只能从正上方被看到，从下面是完全看不到的，从而增加了建筑的美观性。至于太阳能屋顶的价格，马斯克在发布会时并没有做直接说明，只是表示肯定会比一个普通屋顶外加电费便宜。马斯克认为，2016 年美国有 4500 万个新屋顶，而在全世界范围，这个数字将再扩大 20 倍。而随着越来越多的屋顶被翻新，越来越多的人会用上太阳能屋顶。

第三节 太阳能在中国

了解了其他国家太阳能的使用情况，接下来让我们了解一下我国太阳能的基本情况。

一、我国太阳能的储存与分布

我国幅员辽阔，有着十分丰富的太阳能资源。据估算，我国陆地表面每年接受的太阳辐射能约为 50×10^{18} kJ，全国太阳年辐射量约 $335 \sim 837$ kJ/cm^2·a，中值为 586 kJ/cm^2·a。这是一个非常大的数字，意味着如果我们合理利用这些资源，我国的太阳能资源将为我们的生活提供很多便利。

那么，大家来猜一猜我国什么地方的太阳能资源最丰富呢？

从全国太阳年辐射总量的分布来看，我国青藏高原地区的太阳辐射总量最大。这是因为青藏高原地区的平均海拔高度在 4000 米以上，大气层薄而清洁，透明度好，纬度低，日照时间长。

例如被人们称为"日光城"的拉萨市，年平均日照时间为 3005.7 小时，相对日照为 68%，太阳总辐射为 816 kJ/cm^2·a，比全国其他城市都高。

那么我们一起来思考一下，我国太阳辐射量最小的地区又是哪里呢？

我国四川和贵州两省的太阳年辐射总量最小，尤其是四川省，这是因为四川盆地雨多、雾多，晴天较少。例如素有"雾都"之称的成都市，年平均日照时间仅为 1152.2 小时，相对日照为 26%，年平均阴天达 244.6 天，阴天和大雾云雨都导致日照时间大大减少。另外，人们常常以"天无三日晴"来形容贵州日照时间少的现象。

科普知识

中国太阳谷——德州

中国太阳谷位于德州的开发区，是可再生能源研发、检测、生产、教育、旅游基地，2010 年第四届世界太阳城大会就在中国太阳谷举行。太阳谷占地 200 多公顷，以"皇明"和"亿家能"中国太阳能行业两大知名品牌为依托，太阳能产业链不断向上、下游延伸，成为中国目前最大的太阳能产业聚集区。中国太阳谷涵盖了太阳能热水器、太阳能光伏发电及照明、太阳能高温热发电、温屏节能玻璃、太阳能空调、海水淡化等可再生能源应用的众多门类。中国太阳谷集中展示了以太阳能为主的多种节能技术相结合的节能建筑，并因此被称为"21.5 世纪绿色城市模板"。

表 1　我国太阳能资源分区表

分　区	日照时间(年)	辐射量	地　区
一类地区	3200～3300 小时	$670 \sim 837 \times 10^4 \, kJ/cm^2 \cdot a$（相当于 225～285 kg 标准煤燃烧所发出的热量）	青藏高原、甘肃北部、宁夏北部、新疆南部
二类地区	3000～3200 小时	$586 \sim 670 \times 10^4 \, kJ/cm^2 \cdot a$（相当于 200～225 kg 标准煤燃烧所发出的热量）	河北西北部、山西北部、内蒙古南部、宁夏南部、甘肃中部、青海东部、西藏东南部和新疆南部
三类地区	2200～3000 小时	$502 \sim 586 \times 10^4 \, kJ/cm^2 \cdot a$（相当于 170～200 kg 标准煤燃烧所发出的热量）	山东、河南、河北东南部、山西南部、新疆北部、吉林、辽宁、云南、陕西北部、甘肃东南部、广东南部、福建南部、江苏北部和安徽北部
四类地区	1400～2200 小时	$419 \sim 502 \times 10^4 \, kJ/cm^2 \cdot a$（相当于 140～170 kg 标准煤燃烧所发出的热量）	长江中下游、福建和广东的一部分地区
五类地区	1000～1400 小时	$335 \sim 419 \times 10^4 \, kJ/cm^2 \cdot a$（相当于 115～140 kg 标准煤燃烧所发出的热量）	四川、贵州两省

二、太阳能与人类生活息息相关

我们已经知道地球可以获得源源不断的太阳能，随着技术的发展，太阳能已成为人类生活必不可少的一部分能源。让我们来了解一下我国利用太阳能的情况吧。

大家是不是觉得太阳能作为一种新能源，我国对其开发和利用是近几十年才兴起的？其实不然。我国利用太阳能的历史可以追溯到公元前！早在 3000 年前的西周时期就有人利用"阳燧"取火，"阳燧"实际上就是凹面镜。而我国真正从科学意义的角度对太阳能进行研究并加以利用是在 20 世纪 50 年代。

（一）日光建筑——住与太阳能

在建筑中用太阳能供暖、制冷，可节省大量电力、煤炭等能源，而且不污染环境。我国首座太阳能建筑系统样板房由常州天合铝板幕墙制造有限公司研制。该样板房使用面积达 90 平方米，由建筑物光电和光热材料外层、伸缩性渡铝遮阳反射帘、透明隔热材料层等几部分组成。这套系统具有发电、节能、环保和增值的功能，最短使用期限为 30 年。

（二）养育生命——食与太阳能

太阳能灶就是把太阳能收集起来做饭、烧水的一种器具。太阳能灶的关键部件是聚光镜，不仅有镜面材料的选择，还有几何形状的设计。太阳能灶成本低，这对于贫困地区人们的生存来说，是一大救星。我国第一台太阳能灶问世于 1956 年。随着太阳能灶理论研究的逐步成熟，我国研制出的太阳灶种类越来越多，且实际效果较好，至今已推广 14 万台太阳灶使用，居世界之首。

大家能在寒冬吃到过去夏季才有的水果也要归功于太阳能。我国已实现利用太阳能温室、温床技术种植花卉、水果、蔬菜甚至是农作物，这对于我们的日常生活和饮食结构有着重大的影响。

（三）亲近你我——行与太阳能

太阳能汽车是一种靠太阳能来驱动的汽车。相比传统热机驱动的汽车，太阳能汽车是真正的零排放。

2008 年，由浙江 001 集团和浙江大学共同研制的"太阳能汽车"备受新能源研究者、环保人士和爱车人士的青睐。其车顶上的盖子就是太阳能汽车电板，引擎盖和后备厢里各放了一组电池，共 8 个电瓶，给这台太阳能汽车充满电需要 30 个小时。这辆汽车在行驶过程中最高时速可达 70 公里，充满电能跑 150 公里

以上，价格约 3.8 万。

　　太阳能不仅仅被应用在了交通工具上，还被应用到人造卫星上。1958 年以来，我国开始研究太阳能电池，1971 年成功将其应用到第二颗人造卫星上。太阳能在航空领域的应用对于延长卫星寿命有着重要的意义。

　　（四）太阳能与神奇的小物件

　　我们的日常生活中也充满着太阳能的身影。一些创意公司利用太阳能创造出很多可爱的小东西，如太阳能手机、太阳能泳衣、太阳能闪光钥匙扣、太阳能帽子等。

科普知识

美国太阳能垃圾桶——"大胃王"

最早的太阳能垃圾桶，2006年8月就已经在纽约市街头出现过，它可是比传统垃圾桶多装8倍垃圾量的"大胃王"。这种垃圾桶真正的名称应该是太阳能压缩机，它利用太阳光作为动力能源，经过自动压缩处理后，可以将垃圾的体积缩小到原来的1/8，因而能"吃"下1362升的垃圾。"大胃王"垃圾桶的另一个特点是全封闭、双门结构，这种设计可阻止气味溢出，美观又安全，就连老鼠也不能进入。

太阳能钥匙扣精致、美观、小巧，携带方便，又有装饰效果。太阳能闪光钥匙扣主要利用弱光型非晶硅太阳能电池的供电原理，使液晶显示器闪烁发光。太阳能迷你手电筒钥匙扣也主要是利用弱光型非晶硅太阳能电池的供电原理，使前端的发光二极管发光，既美观又有照明的作用。

人们在日常生活中常常会发现，街边的果皮箱、垃圾桶已经被垃圾填满，却因为各种原因还未来得及倾倒，这既不利于城市美观，又危害公共卫生。而有了太阳能垃圾桶，这样的问题就不存在了。太阳能垃圾桶配备了很多高科技装置，具有除臭、紫外线消毒等功能。

太阳能帽是将太阳能应用于我们日常佩戴的帽子中，其工作原理是在帽子中安装一个由太阳能电池板提供动力的微型风扇，实现帽内冷热空气循环，排除汗水，既美观大方，又清凉麵。

太阳能逐渐参与到我们日常生活的方方面面，尤其是其作为电力和汽油等能源的替代物，深受人们喜爱。随着科技的发展，太阳能将成为国内外能源供应的主角。

科普知识

中国太阳能光伏发电行业的明星——英利集团

英利集团 1987 年成立，总部位于河北省保定市，1998 年进入太阳能光伏发电行业，1999 年承接了国家第一个年产 3 兆瓦多晶硅太阳能电池及应用系统示范项目，2007 年 6 月在纽约证券交易所上市，是首家赞助 2010 年南非和 2014 年巴西两届足球世界杯的中国企业，光伏组件出货量位列全球第一。英利严格执行环境保护目标，推行清洁生产，提高能源利用率，多晶硅太阳能光伏组件单耗标准，被国家发改委和海关总署共同确定为加工贸易一级国家标准。被评为"国家环境友好企业"，是全球首家加入世界自然基金会"碳减排先锋项目"的新能源企业，推动了整个光伏产业链的共同节能减排。

三、能源之母的无奈

通过了解国内外太阳能的利用情况，大家是不是觉得太阳能非常强大，不愧为能源之母？但是强大的太阳能在推广过程中也会遇到"瓶颈"，以致太阳能不能被很好地利用，难入寻常百姓家。

（一）高成本

美国能源部的数据显示，在美国，使用太阳能发电的消费价格为每千瓦时 38 美分，而美国居民平均消费电价是每千瓦时 16 美分。我国同样也存在一些太阳能设备因高成本性而难以推广使用的问题。例如，按现行居民用电价格计算，浙江慈溪市太阳能屋顶发电系统收回成本需 100 年以上！

（二）分散性

虽然到达地球表面的太阳辐射的总量很大，但是能流密度很低。比如北回归线附近，夏季天气较为晴朗时，正午太阳辐射的辐照度最大，在垂直于太阳光方向 1 平方米面积上接收到的太阳能平均有 1000 瓦左右，但冬季大概只有一半，这样的能流密度是很低的，因此需要一些收集和转换太阳能的设备，这又会增加太阳能使用的成本。

（三）不稳定性

由于受到昼夜、季节、地理纬度和海拔高度等自然条件的限制，到达某一地面的太阳辐照度是间断的，不稳定的。我们已经知道我国不同地域年太阳能总量不同，有的地区太阳能丰富，比如青藏高原地区，可以很好地利用太阳能照明；但是有的地区太阳能匮乏，正如"巧妇难为无米之炊"，不能充分利用太阳能。比如"天无三日晴"的贵州省，常年阴雨连绵，无法为太阳能路灯提供充足的能源。

（四）技术受制于人

我国新能源开发利用还处于探索阶段，虽然光伏系统组装能力位于世界第三，但在光伏系统核心技术方面仍然受制于外国，并且光伏系统所需要的原材料，例如晶硅，90% 以上依靠进口。

（五）缺乏"绿色"意识

太阳能的开发和推广需要万众一心，无论是政府、企业还是民众都要有节能减排的意识。然而在现实生活中，会有物业因小区居民使用太阳能而将其告上法庭的现象；还有一些商家为追求短期利益，拒售成本高、短期效益低的清洁产品。

第六章　风能

第一节　奔跑的"孩子"

解落三秋叶，能开二月花。过江千尺浪，入竹万竿斜。

同学们能猜到这首诗说的是什么吗？没错，就是风。

同学们对风儿不陌生吧，五颜六色的风筝需要借助风力才能从我们手中飞起，江河湖泊中的小船也需要借助风力才能行使，所以我们千万不要小瞧风儿，它在我们的日常生活中发挥着重要的作用。

一、风儿找妈妈

在古希腊神话中，风神埃俄罗斯是赫楞与宁芙仙女俄耳塞斯之子，他聪明而又具有独创性，发明了风帆；同时他也是代表虔诚和公正的神。因此他的父亲让他成为风的守护者。

从科学的角度讲，风其实是空气的流动，它是由太阳辐射引起的。太阳的光照射在地球表面上，使地表温度升高，地表的空气受热膨胀变轻而往上升。热空气上升后，低温的冷空气横向流入，上升的空气因逐渐冷却变重而降落，由于地表温度较高，空气受热后上升，这种空气的流动就产生了风。

二、风儿知多少

平日，我们感觉到风儿好像无处不在，总陪伴在我们左右。风儿看似没有

规律，喜欢到处"散步"，但其实它有自己大致的流动轨道。让我们来深入地了解一下风吧。

（一）小范围内的风儿流动——海陆风

同学们去海边的时候有没有发现，白天风儿好像从海边吹向陆地，而到了晚上，风儿又好像从陆地吹向了海洋，大家知道这是为什么吗？

这是受海陆热力性质差异的影响而形成的大气运动。白天，在太阳照射下，陆地升温快，气温高，空气膨胀上升，近地面气压降低，所以在近地面，海洋的气压比陆地气压高，风从海洋吹向陆地，形成"海风"；夜晚情况正好相反，空气运动形成"陆风"。

海风登陆带来水汽，使陆地上湿度加大，温度明显降低，甚至形成低云和雾。夏季沿海地区比内陆凉爽，冬季比内陆温和，就和海风有关。所以海风可以调节沿海地区的气候。

（二）全球范围内的风儿流动——季风

除了海陆风之外，神奇的自然因在全球范围内的大陆和海洋也进行着这种风的流动。在大陆和海洋之间大范围的、风向随季节有规律的改变的风，叫作季风。

季风的原理和海陆风很像。

冬季，大陆比海洋温度低，大陆上为冷高压，近地面空气自大陆吹向海洋；夏季，大陆比海洋温度高，大陆上为热低压，近地面空气自海洋吹向大陆。所以，夏季风从海洋吹向大陆，在我国为东南季风和西南季风。夏季风特别温暖而湿润。冬季风从大陆吹向海洋，在我国为西北季风和东北季风。冬季风十分干冷。

（三）风的等级

大家有没有这种直观感受：有时候微风吹在脸上很惬意，但有时候狂风大作，能把大树连根拔起。这是因为风是有速度的。风速是指空气在单位时间内流动的水平距离。根据风对地上物体的作用所引起的现象将风分为 13 个等级，称为风力等级，简称风级。下面我们通过《风级歌》来感受一下风的能量。

风级歌

零级烟柱直冲天，

一级青烟随风偏，

二级轻风吹脸面，

三级叶动红旗展，

四级枝摇飞纸片，

五级小树随风弯，

六级举伞有困难，

七级迎风走不便，

八级风刮树枝断，

九级屋顶飞瓦片，

十级拔树又倒屋，

十一二级陆上很少见。

三、风儿的"孩子"——风能

现在，我们知道了风儿从哪里来、风儿的类型以及风级，那么大家知道风儿其实还有孩子吗？

风儿的孩子叫作风能。风能是空气流动产生的动能，是由太阳的辐射能转化而来的。透过大气层的太阳能大约有 0.2% 转化成了风能。千万不要觉得 0.2% 很少，因为太阳的能量十分巨大，所以它的一小部分也是很厉害的。

人类对风能的利用年代已久，可以追溯到公元前。相信同学们对风车和帆船并不陌生吧。

风车一开始主要在抽水方面发挥重要的作用。荷兰因地势低洼，常常受到海水的侵蚀，聪明的荷兰人制作了高达 9 米的抽水风车来保卫家园。世界上第一座为人类提供动力的风车也是由荷兰人发明的。在漫长的时期内，人们采用原始的手工方法辗磨谷物，后来是马拉踏车和以水力推动的水车，再之后才是借风力运转的风车。风车不仅可以研磨谷物，还可以制造纸张，用途很多，因此在欧洲流传着这样一句话："上帝创造了人，荷兰风车创造了陆地。"

帆船的历史比风车更加久远，帆船起源于欧洲，其历史可以追溯到远古时代。早在 4000 多年前，帆船的画面就出现在古埃及陶制器皿上，最早的文字记载则出现于古罗马诗人维吉尔的作品中。全球第一艘用风筝拉动的货轮"白鲸天帆号"2007 年 12 月 15 日由德国汉堡市起航，横渡大西洋驶往休斯敦，2008 年 3 月 14 日成功完成了它的处女航。"天帆"既节约能源，又减少了环境污染，为船舶新能源的应用开辟了新道路。

我们可以看到，风能已经被人类用于灌溉、航行，为人类的生存和发展贡献着重要的力量。下面让我们来详细地了解一下风能吧。

科普知识

风力发电

风车发电，是利用风力带动风车叶片旋转，再通过增速机将旋转的速度提升来促使发电机发电。根据目前的风车技术，大约是每秒三米的微风速度（微风的程度）便可以开始发电。风力发电正在世界上形成一股热潮，因为风力发电没有燃料问题，也不会产生辐射或空气污染。

第二节　世界舞台上的风能

同学们觉得风能是否会和太阳能一样成为世界能源舞台上的一个主要演员呢？让我们来了解一下世界各国利用风能的情况吧。

一、风能在美国

目前全球最大的风力发电场位于美国加利福尼亚州克恩县特哈查比的 ALta 阿风能中心。总装机容量 1020 兆瓦，能满足加州地区电力需求。佛罗里达电力照明公司称风电安装每兆瓦耗资 150 万到 200 万美元，与传统燃煤电厂发电成本相差不多。据美国风能协会称，美国加利福尼亚州、佛蒙特州、马萨诸塞州、

宾夕法尼亚州、俄亥俄州、德克萨斯州等都已经安装了小型风轮机。

我们可以看出，风能越来越成为美国电力的主要能源。这主要得益于风能的清洁、低成本和美国毗邻太平洋、大西洋、墨西哥湾优越的地理位置。

二、风能在丹麦

丹麦毗邻北海，风力资源丰富。近海区域良好的河床条件为丹麦建设风电场提供了优越的场地条件。截止到 2017 年底，丹麦风力发电量占该国全部电力消耗量的 43.49%。目前，丹麦接入电网的海上风电装机容量达到 130 万千瓦，仍为世界主要海上风电开发国之一。

科普知识

风能"明星"——丹麦

2001 年 3 月，全球第一个具有商业化规模的海上风电场米德尔格仁登在丹麦哥本哈根附近海域建成。总装机容量 40 兆瓦，共安装了 20 台 Bonus76 / 2000 风电机组，年发电量 1.04 亿千瓦时。

2002 年 12 月，世界上第一个大型海上风电场在丹麦北海海域建成，总装机容量 160 兆瓦，共安装了 80 台维斯塔斯 80/2000 风电机组，年发电量 6 亿千瓦时。

2003 年 11 月，尼斯泰兹海上风电场在丹麦洛兰岛建成，总装机容量 165.6 兆瓦，共安装了 72 台 Bonus82/ 2300 风电机组。

三、风能在日本

日本是一个岛国，其东部和南部毗邻太平洋，西邻日本海、东海，北接鄂霍次克海，海岸线长达 3 万多公里，拥有许多天然良港，在利用风能方面有着得天独厚的条件。

日本已将风能应用于农业和渔业，并且效果显著。

（一）风能水泵系统

风能水泵是当前世界上利用最广泛的一种风车之一，它由活塞泵和多桨叶片组成。日本常常将其应用在水稻田中排涝，其工作原理是在水稻田里埋藏暗沟排水管，将水聚集在一个小池子中，再用风能水泵把水排出去。

（二）风力通气系统

所谓通气就是给水中通空气，可以给鱼塘中的鱼提供充足的氧气，防止冬季水面结冰，还可以净化水质，处理污水。

（三）风力搅拌系统

风力搅拌系统顾名思义就是将风能转化为动能，应用于搅拌器中。此系统可以用来处理家畜污水。

（四）风力—热能转换系统

在日本，冬季风强劲，气温低，而农业和渔业所需热量大，所以将风能转化为热能对日本农渔业发展是十分必要的。比如，日本的风力—热能转换系统中有一个直径为 15 米的风车，驱动涡流型热交换器所产生的热可用于池塘养鳗鱼。爱知县还将此系统应用于蔬菜和观赏植物研究站电热温室供热系统。

（五）风能消灭害虫系统

在农业生产方面，风能还能用于驱除害虫。其工作原理是风车在旋转时发生振动，其振动经过螺旋桨传播到地面，害虫由于害怕声音和振感而逃之夭夭。

风能在其他一些国家也逐渐受到重视。瑞典在 1990 年时风力机的装机容量已经达到 350 兆瓦，年发电 10 亿千瓦时；英国濒临海洋，风能十分丰富，政府也十分重视风力发电；迪拜建造的世界上第一座旋转大厦高420米，共80层，拥有79个风力涡轮机，这座大楼是真正的绿色建筑，不仅可以实现自我供电，还可以给临近建筑供电。

从全球来看，风力发电总容量在不断增长，很多国家已经开始使用风能，因此风能有潜力成为能源舞台上的主要演员。

第三节　风能在中国

了解了其他国家风能的使用，同学们是不是对我国风能利用的情况好奇呢？

一、我国风能的分布

我国幅员辽阔，海岸线长，风能资源比较丰富。根据全国900多个气象站将陆地上离地10米高度资料进行估算，全国平均风功率密度为100瓦/平方米，风能资源总储量约32.26亿千兆瓦。特别是东南沿海及附近岛屿、内蒙古、甘肃河西走廊、东北、西北、华北和青藏高原等部分地区，每年风速在每秒3米以上的时间近4000小时左右，一些地区年平均风速可达每秒6~7米，具有很大的开发利用价值。

二、在中国奔跑的孩子

中国很早就有了对风的利用和记载。《天工开物》中有"杨郡以风帆数扇，俟风转车，风息则止"；唐朝诗人李白在《行路难》中也写道："长风破浪会有时，直挂云帆济沧海。"除此之外，还有很多关于风的诗句流传于世。风不仅在词句中包含着丰富的含义，被寄托了多样的情感，而且在人们的生产生活中也发挥着重要作用。

只要有风儿奔跑的地方，就可以利用风能，因此风能具有廉价的特点。除此之外，风能还具有清洁无污染的特点。让我们来了解一下我国对风能的利用吧。

（一）养育生命——食与风能

明末学者方以智的科学著作《物理小识》中就有"用风帆六幅车水灌田"的记载。20世纪50年代末各种木结构的布篷式风车在江南和福建沿海地区被大量使用，1959年仅江苏省就有木风车20多万台；60年代中期主要是发展风力提水机；70年代中期以后风能开发利用列入"六五"国家重点项目，得到迅速发展。水是生命之源，风车可以说是生命之源的一个载体，灌溉农田、供人饮水。

科普知识

甘肃酒泉的风力发电基地

冬日的酒泉瓜州县，一排排4员白色的风力发电机在碧蓝色天空的映衬下，显得蔚为壮观，分外醒目。位于甘肃省河西走廊西端的酒泉市是中国风能资源丰富的地区之一，境内的瓜州县被称为"世界风库"，玉门市被称为"风口"。气象部门2008年的风能评估结果显示，酒泉风能资源总储量为1.5亿千瓦，可开发量约4000万千瓦以上，可利用面积近1万平方公里。10米高度风功率密度均在每平方米250～310瓦以上，年平均风速在每秒5.7米以上，年有效风速达6300小时以上，年满负荷发电小时数达2300小时，无破坏性风速，对风能利用极为有利，适宜建设大型并网型风力发电场Q为此，国家在2008年批准了酒泉千万千瓦级风电基地规划。

（二）照亮黑暗——风能发电

20世纪80年代中期以后，中国先后从丹麦、比利时、瑞典、美国、德国引进了一批中、大型风力发电机组。在新疆、内蒙古的风口及山东、浙江、福建、广东等地建立了8座示范性风力发电场。1992年装机容量已达8兆瓦。风能发电为我国许多地区送去了光明。

（三）亲近你我——行与风能

人类最早利用风能的方式是风帆助航，我国在商朝就出现了帆船，唐朝时期运河的发达促进了风帆的使用。15世纪是风能助航的黄金时期，大家有没有听过郑和下西洋的故事？

明朝永乐三年（1405年），郑和第一次下西洋，曾到达爪哇岛上的麻喏八歇国。后来，郑和又六次下西洋，到达三十多个国家，最远曾到达非洲东岸。郑和下西洋极大地促进了明朝的海外贸易，增强了明朝国力。郑和下西洋能够成功的原因之一就是航海业对风力的利用。

（四）传递热量——风力致热

风力致热就是将风能转化为能够供农林牧副渔发展的热能，它通常有三种转化方法：第一种是通过风力发电，将电通入电阻丝发热；第二种是利用风力机压缩空气，压缩后释放热量；第三种是通过风力机带动搅拌器搅拌液体致热。第三种方法转换率明显高于前两种。风力致热的效率高于风力提水和发电的效率，可达40%。

风能与我们的日常生活息息相关，进入21世纪以后，我国更加注重对风能的开发和利用，2017年全国风电新增装机1966万千瓦，累计装机达1.88亿千瓦，对风能的利用频次和效率大大提高。

科普知识

中国电谷

中国电谷就是河北省保定国家高新技术产业开发区。中国电谷在国家级新能源与能源设备产业基地的基础上，凭借电力产业的明显优势，向电力技术的更深更广领域延伸与扩展，建立以风力发电、光伏发电为重点，以输变电及电力自动化设备为基础的新能源与能源设备企业群和产业群。其目标是建设集研发、教育、生产、观光、物流为一体的世界级新能源及电力技术创新与产业基地。

在风能发电产业上，保定·中国电谷拥有涵盖风电叶片、整机、控制等关键设备自主研发、制造、检测的企业近50家，正在构建完整的风电产业链条。中航惠腾风电设备有限公司，是国内拥有自主知识产权、受到国家863计划支持的风电叶片制造企业，在全国率先打破风电叶片依赖进口的格局，叶片设计制造工艺和试验检测手段达到国际先进水平，产量占国内国产叶片的90%。

三、奔跑的"孩子"在减速

风电业发展前景大好，但在2010年发生了一起大事件：丹麦的大型风机制造商——维斯塔斯会宣布其总部裁员3000人。裁员反映了什么问题？维斯塔斯会的宣布昭示着全球风能已进入瓶颈期。我们以中国为例，了解一下风能在发展中遭遇的瓶颈。

（一）分布与需求不吻合

我国陆地风能资源主要集中于新疆、西藏、内蒙古等区域，但是这些地区地广人稀，能源需求相对较小，风能资源过剩，而能源需求较大的东南地区风

能则很稀少。

（二）配套电网建设滞后

风并不是每时每刻都有的，且风力大小不定，所以风能具有非持续性、不稳定的特点，因此风能转化及储备设施的建设显得尤为重要。我们已经知道我国风能资源主要集中于西部地区，而这一地区经济和科技条件落后，配套电网建设跟不上步伐，导致风能资源大量浪费。

（三）风电价格高

根据《2009年度电价执行及电费结算监管报告》的数据，按发电组类型来分，风电电价为553.61元/千千瓦时，而核电电价为429.39元/千千瓦时，火电电价为377.15元/千千瓦时，水电电价为245.18元/千千瓦时。政府和居民的绿色环保意识近些年来虽然有所提升，但是要他们放弃低成本、低价格的传统能源还是较为困难的。

想让奔跑的孩子继续奔跑还需要国家科技的进步、公众"绿色意识"的增强，同学们也要从自身的一点一滴做起，支持绿色能源。

第七章 海洋能

同学们，当你们看到饭桌上美味可口的海鲜时，当你们在海边无忧无虑地尽情玩耍时，当你们看到一艘艘船在大海上航行时，有没有想到美丽的大海其实也蕴藏着丰富的能源？下面让我们一起来了解一下海洋吧。

第一节　海洋——聚宝盆

一、揭开海洋的神秘面纱

地球表面被各大陆地分隔为彼此相通的广大水域，我们称之为海洋，其总面积约为3.6亿平方公里，约占地球表面积的71%。到目前为止，人类已探索的海底只有5%，还有95%的海底是未知的，所以大海对于我们人类来说是神秘的。让我们一起走进海洋这个神奇的世界吧。

科普知识

海洋小知识

海洋中含有十三亿五千多万立方千米的水，约占地球总水量的97%。全球海洋一般被分为数个大洋和面积较小的海。地球上四个主要的大洋为太平洋、大西洋、印度洋和北冰洋，大部分以陆地和海底地形为界。少数地球以外的星体也有海洋，如卫星土卫六、木卫二。

　　海洋不是本来就有的，而是经过几十亿年的变化形成的。地球经过几十亿年的冷热交替变化，地壳表面变得凹凸不平，就像风干了的苹果。地壳的这种变化产生了高山、平原、河床、海盆等地形，为海洋的产生提供了地质条件。在很长的一个时期内，随着地壳逐渐冷却，大气温度慢慢降低，水气以尘埃和火山灰为凝结核，变成水滴，越积越多，最后汇成巨大的水体，这就是原始海洋。同学们都知道海水是咸的，但是原始海洋的海水并不是咸的，而是酸性的。经过长期的水气循环，海水才变成咸咸的味道。

海洋中含有丰富的资源：水资源——海洋中含有十三亿五千多万立方千米的水，约占地球总水量的 97%，而可用于人类饮用的只占 2%；生物资源——海洋中富含高蛋白的鱼虾藻类；矿产资源——海洋是矿产资源的聚宝盆，富含锰结核、金、银、铜等，被称为"海底金银库"；热能——海洋是世界上最大的太阳能采集器，每当太阳升起的时候，海洋就默默地吸收着太阳的光照，一直到太阳落下。你能想象到海洋蕴含的能量有多强大吗？我们来打个比方，每平方千米海洋的表层海水含有的能量相当于 3800 桶石油燃烧发出的热量！所以我们称海洋为聚宝盆是非常贴切的比喻。

让我们来了解一下海洋能。

海洋能指依附在海水中的可再生能源，海洋通过各种物理过程接收、储存和散发能量。大家可不要小瞧海洋能，海洋打一个"喷嚏"都可能释放出巨大的能量！

二、海洋能的分类

海洋能可以分为潮汐能、波浪能、温差能、盐差能、海流能。

（一）潮汐能

潮汐能是指海水周期性涨落运动中所具有的能量。由于在海水的各种运动中潮汐最守信，最有规律性，又涨落于岸边，也最早为人们所认识和利用，因此在各种海洋能的利用中，潮汐能的利用是最成熟的。

（二）波浪能

同学们喜欢浪花吗？知不知道小小的浪花也蕴藏着人类可以利用的能量？波浪能是指海洋表面波浪所具有的动能和势能。波浪能是由风把能量传递给海洋而产生的，它实质上是吸收了风能而形成的。它的能量传递速率和风速有关，也和风与水相互作用的距离有关，所以波浪能是海洋能源中能量最不稳定的一种能源。

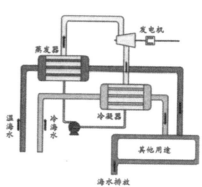

（三）温差能

表层海水由于受到太阳的照射强于底层海水，因此海洋表层温度高，底层温度低。温差能是指海洋表层海水和深层海水之间水温差的热能，这种热能可以用于热力循环和发电。此外，系统发电的同时还可生产淡水，提供空调冷源。

（四）盐差能

盐差能是指海水和淡水之间或两种含盐浓度不同的海水之间的化学电位差能，是以化学能形态出现的海洋能。利用大海与陆地河口交界水域的盐度差所潜藏的巨大能量一直是科学家的理想。20 世纪 70 年代，各国开展了许多调查研究，以寻求提取盐差能的方法，但实际上开发利用盐差能资源的难度很大。

（五）海流能

海流能是指海水流动的动能，主要是指海底水道和海峡中较为稳定的流动以及由于潮汐导致的有规律的海水流动所产生的能量，是一种以动能形态出现的海洋能。

三、海洋能的特点

1. 总量大，单位含量小。海洋总水体储藏量巨大，但是单位体积拥有的能量小，所以要想大规模地利用海洋能就需要大量的海水。

2. 可再生能源。海洋能来源于太阳辐射能与天体间的万有引力，只要太阳、月球等天体与地球共存，海洋能就不会枯竭。

3. 稳定与不稳定之分。温差能、盐差能和海流能较为稳定，潮汐能和波浪能相对而言不稳定。但是潮汐能有一定的规律可循，我们可以根据潮涨潮退的规律编制出各地潮汐预报，潮汐电站可根据预报表发电运行。

4. 清洁性能源。海洋能开发后，其本身对环境的影响较小。

第二节　世界能源舞台上的海洋能

对海洋能的利用至少可追溯到古罗马时期。考古发掘显示，当时人们建造水坝以储存来自海洋高潮的水，然后将其释放用来推动磨坊研磨谷物。

一、潮汐能的开发与利用

1600年,法国人在加拿大东海岸建起美洲第一个潮汐磨,英国的萨福尔克至今还保留着一个12世纪的潮汐磨。潮汐能发电已有100多年的历史,是目前海洋能开发与利用技术中最成熟的。1967年,法国第一座商业性电站——朗斯潮汐电站建成。该电站位于法国西北部圣马洛湾郎斯河口,水库面积为22平方千米,平均潮差 10.85 米，最大潮差 13.5 米，可正反双向发电、泄水和泵水，总装机容量 24 万千瓦，年发电量 5.4 亿千瓦时。韩国始华湖潮汐电站于 2009 年竣工，该电站的一大特色是利用涨潮发电，让落潮水流畅通泄出。

科普知识

瑞典"水下风筝"

瑞典汽车制造公司研制出一种发电涡轮机，将其命名为"水下风筝"。这种"水下风筝"的翼展为 12 米，它将被放在水下 20 米的地方，以防止与海洋航行相冲突。"水下风筝"装置了 一个约 1 米长的涡轮发电机，被一根约 1000 米长的绳链拴到海底。潮汐流的速度为 1.6 米／秒，其产生的能量足以使"水下风筝"转起来。该制造公司表示，"水下风筝"的绳链还可以作为电缆使用，不仅具有固定"水下风筝"的作用，还使其在水中以 "8" 字形的轨迹高速运动，以产生更多能量。

二、波浪能的开发与利用

20 世纪 60 年代中期，日本率先将波力发电装置商业化。日本是成功研制波力发电装置最多的国家。其研制的著名的"海明号"船型波力发电装置，实现了向岸边输电的目标。1989 年日本又建成著名的 110 千瓦的"巨鲸"漂浮式波力发电装置。

英国于 21 世纪研制出一种新的波浪发电装置——"水蟒"。"水蟒"全长 182 米，直径 6 米，其工作原理是当有波浪经过时，弹性较强的橡胶管就会随着波浪上下起伏而摆动，橡胶管内部就会产生一股水流脉冲，随着波浪幅度的加大，脉冲也会越来越强，并带动尾部的发电机产生电能，然后通过海底电缆传输出去。

在日本，东海大学海洋科学和技术学院军舰结构和海洋工程系寺尾裕博士发明了一种新型船—三得利美人鱼二号。这艘船的独特之处在于有两个水平鳍，水平鳍随着波浪上下运动会产生动力。

三、海流、潮流能的开发与利用

海流、潮流发电较其他类型的海洋能研究起步要晚，美国科学家率先于 1973 年提出采用巨型水轮发电机组来大规模地利用佛罗里达海流能方案。日本于 1975 年开始利用黑潮动能发电。苏格兰于 1994 年试验成功了一种水下风车式、水平轴潮流发电装置。该装置有两个叶片的水轮机，当水流速度为 2.5 米 / 秒时，出力达 15 千瓦。

四、温差能的开发与利用

利用海水温差能发电的设想最早是由法国物理学家阿松瓦尔于 1881 年在发表的论文《太阳海洋能》中提出的。他指出，海洋吸收并存储太阳能，利用表层温海水与深层冷海水的温差使热机做功。1930 年，法国科学家克劳德在古巴建立了一座循环发电装置，初步实现了利用温差能发电的想法。20 世纪 60 年代，美国开始利用温差能，并于 1979 年在夏威夷岛建成世界上第一座具有实用意义的温差发电装置。此装置采用以氨为工质的闭式循环方式。当时该海域表层水温 28 摄氏度，深层水温 7 摄氏度，最大输出功率达 53.6 千瓦，除去本身泵水耗电，净输出功率为 18.5 千瓦。

科普知识

摩擦纳米发电机回收海水动能

美国佐治亚理工学院和中国科学院北京纳米能源与系统研究所王中林教授研究组，研发出各种类型的摩擦纳米发电机，改变着人们对能量收集的传统观念。王中林教授团队创新地利用固液界面的摩擦起电现象，成功研制出水能摩擦纳米发电机，并用于对河流、雨滴、海浪的动能收集。通过摩擦纳米发电机四种基本模式的组合应用，高效回收海洋中的动能资源，包括水的上下浮动，海浪、海流、海水的拍打。如果将这些摩擦纳米发电机结成网状放置到海洋中，根据估算，每平方公里的海面可以产生兆瓦级的电能，这有可能成为新型的蓝色能源。

水能纳米发电具有以下优势：第一，仅需要静电摩擦发电，不需要额外的传送装置或部件来收集水波动能；第二，摩擦纳米发电机体积小、重量轻，结构简单；第三，成本低，便于推广；第四，可选择的摩擦材料种类多，使得发电机环境兼容性强；第五，整个器件以柔性聚合物膜为基本结构，易加工，寿命长，容易与其他加工工艺集成。

五、盐差能的开发与利用

最早利用海洋盐差能发电的设想是1939年美国人提出来的。1973年，以色列科学家首先研制出利用盐差能发电的装置，被公认为盐差能研究的开始。随后，日本、美国、瑞典等国家也开始加入到盐差能发电研究的队伍中来，但这一时期主要是实验室研究，盐差能的利用并没有取得实质性的发展。大家想一想这是为什么呢？

这是因为，要想利用海盐能发电，就要保持海水与淡水的浓度差，但是海水向淡水不断渗透，海水就会淡化，为了保持海水的浓度，就需要不断往海水中加盐，这是一项费时、费力、费钱的工作。直到近些年，挪威又开始研究海盐能。随着技术的成熟，海盐能研究逐步步入实用阶段。

我们可以看出，当前世界对海洋能的开发和利用主要集中于利用潮汐能、波浪能、海流能、温差能、盐差能发电。大家还能想到海洋能的其他利用方式吗？

我们已经知道，海洋里有丰富的藻类、鱼类等生物，因此海洋生物能转化也是海洋能的一种利用方式。这一利用原理是：利用海洋内的藻类分解产生甲烷发电。其实这也属于生物质能的一种利用方式，我们会在后面的章节中讲到。

第三节　海洋能在中国

一、我国海洋能的分布

我国位于亚欧大陆的东部，毗邻我国大陆的海洋有渤海、黄海、东海、南海。因此我国海洋能都分布于东部沿海地区。我国海洋能资源十分丰富，可开发利用量达 10 亿千瓦的量级。其中，我国沿岸潮汐能资源总装机容量为 2179 万千瓦；沿岸波浪能理论平均功率为 1285 万千瓦；潮流能理论平均功率为 1395 万千瓦；近海及毗邻海域温差能资源可供开发的总装机量约为 17.47 亿～18.65 亿千瓦；沿岸盐差能资源理论功率为 1.14 亿千瓦。

二、我国海洋能的开发和利用

我国在海洋能的开发和利用方面以潮汐能利用技术最为成熟，波浪能的开发和利用进入示范试验阶段，潮流能、海盐能、温差能还处于实验室研究阶段。下面让我们来详细了解一下我国海洋能的开发与利用吧。

（一）潮汐能的开发和利用

最早被人们认识并利用的是潮汐能。在 1000 多年前的唐朝，我国沿海居民就利用潮力碾谷子，山东地区就曾发现早期的潮汐磨。20 世纪 50 年代中期，我国沿海地区出现潮汐能利用高潮，群众自力更生，兴建了 40 多座小型潮汐电站和一些水轮泵站。由于发电与灌溉、交通的矛盾，加上水库淤积、设备简陋等原因，保留下来的只有浙江省沙山的潮汐电站。

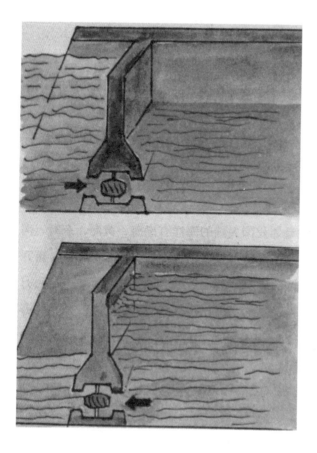

我国沿岸的潮汐能资源主要集中在东海沿岸，以福建和浙江两省最多。1959 年，我国建成第一座潮汐电站——浙江临海的汐桥村潮汐电站，总容量 60 千瓦。位于浙江乐清湾的江厦潮汐电站，总装机量 3200 千瓦，电站属于单库双向运动方式。20 世纪七八十年代，福建幸福洋、山东乳山白沙口、浙江象山岳浦、浙江鱼宣海山、江苏太仓浏河、广西钦州果子山等地陆续建立了一批潮汐电站。

科普知识

潮汐现象及其发电原理

潮汐现象是指海水在天体（主要是月球和太阳）引潮力作用下所产生的周期性运动。人们习惯上把海面垂直方向的涨落称为潮汐，水平方向的流动称为潮流。

潮汐发电是建筑一个适当的大坝，涨潮时，海水从大海流入大坝内水库，带动水轮机旋转发电；落潮时，海水流向大海，同样推动水轮机旋转发电。

（二）波浪能的开发和利用

我们已经知道我国沿岸波浪能资源平均理论功率为 1285 万千瓦，其实我国沿岸波浪能总量远远不止统计资料中的数据，这是因为我国沿岸还有很多大浪区没有进行波浪能的测量。我国波浪能以台湾沿岸最多，达到 429 万千瓦，占全国波浪能总量的三分之一；其次是浙江、广东、福建等省。

我国波浪发电始于改革开放后，经过几十年的努力，现已建成几个著名波浪发电站：广州珠江口岸基式大万山岛电站、摆式小麦岛电站、青岛摆式波浪实验电站（针对我国近海短周期、小波高的波浪能特征设计）。2005 年建成的广州汕尾电站成功地将不稳定的波浪能转化为稳定电能。

科普知识

波浪能及其发电原理

波浪是由于风、气压和水的重力作用形成的起伏运动，具有动能和势能。波浪能的大小与波高和周期有关，是一种密度低、不稳定、无污染、可再生、储量大、分布广、利用难的一种新能源。

波浪能发电一般是利用波浪的推动力，使波浪能转化为推动空气流动的压力，气流推动空气涡轮机叶片旋转而带动发电机发电。目前比较成熟的波浪发电装置有三种：振荡水柱型、机械型、水流型。

（三）潮流能的开发与利用

我国潮流能集中于东部沿海地区，以浙江、福建、山东沿海的潮流能最为丰富。

我们在第六章风能部分了解到郑和下西洋充分利用了季风，大家有没有想到历次下西洋同样也利用了洋流？郑和下西洋，一般选在冬季，这是因为冬季亚洲高压势力强大，偏北风不断南下，中国沿海的沿岸流向南运动，风助水势，促使

郑和船队南下成功；船队返航一般选在夏季，西南季风推动海流向东北方向流动，在季风洋流的推动下，船队顺利返航。

我国对潮流发电研究较晚，始于1982年。2002年哈尔滨工程大学建造了我国第一座潮流实验电站。2005年浙江舟山市岱山县建成40千瓦潮流能发电实验电站。同年，东北师范大学研制成功了放置于海底的低流速潮流发电机。2006年浙江大学研制成功5千

瓦、叶轮半径为1米的"水下风车"，且在岱山县发电成功。

科普知识

潮流能及其发电原理

潮流是起因于潮汐现象的周期的海水流，在大洋传至近海时，由于受到地形强迫作用，潮流能逐渐加强，特别是在海湾入口狭窄处或截断陆地后形成的狭窄海峡和水道处，流速较大。潮流能与太阳能、风能、波浪能相比，其规律性较强，是潜力巨大的可再生清洁能源。

潮流能发电装置由水轮机和电机组成，水轮机有垂直翼和水平翼两种，根据实际情况而定。当海流流过水轮机时，在水轮机的叶片上产生环流，导致升力，因而对水轮机的轴部产生扭矩，推动水轮机上叶片的转动，故可驱动电机发电。

（四）温差能的开发与利用

我国渤海、黄海和东海陆架区海水温差度数小，温差能难以利用。我国可利用的温差能集中于东海东侧的黑潮区，该水域水深1000米以上，当黑潮暖流

经过时，全年表层海水与深层海水温差可达201以上，温差能资源较为丰富。我国于20世纪80年代开始研究温差能，1986年广州成功研制出温差能转化试验模拟装置，实现了电能转换。21世纪以来，我国仍不断致力于温差能的开发与利用，如天津大学对海水温差能进行了推动水下自持式观测平台的动力方面的研究。

科普知识

温差能发电原理

温差能发电主要采用开式和闭式两种循环系统。在开式循环中，表层温水在闪蒸蒸发器中产生蒸汽，蒸汽进入汽轮机做功后流入凝汽器，来自海洋深层的冷海水将其冷却；在闭式循环中，来自海洋表层的海水在热交换器内将热量传给低沸点物质（如甲烷、氨等物质），使之蒸发，产生的蒸汽推动汽轮机做功后再由冷海水冷却。

（五）盐差能的开发和利用

我国盐差能资源主要分布在长江及其以南，理论储量约为 3.58×1015 千焦，理论功率约为 1.14 亿千瓦。长江入海口和珠江入海口盐差能合计占全国总量的 80% 多。我国盐差能研究较其他类型海洋能资源研究晚，1989 年，广州能源所建造了两座容量分别为 10 千瓦和 60 千瓦的试验台，但是这项研究仍处在理论研究阶段。

科普知识

盐差能及其发电原理

盐差能主要存在于河海的交汇处，是海洋能中能量密度最大的一种可再生能源。

当两种不同盐度的海水被一层只能通过水分而不能通过盐分的半透膜分离时，两边的海水会产生一种渗透压，促使水从浓度低的一侧向浓度高的一侧渗透，直至两侧含盐浓度相等。

盐差能发电的基本原理是，将不同盐浓度的海水之间或海水与淡水之间的化学电位差能转换成水的势能，再利用水轮机发电。

三、"聚宝盆"的召唤

海洋资源丰富的国家都希望充分利用海洋这个"聚宝盆"来优化本国的能源结构，但是海洋能的开发和利用并不是一帆风顺的，而是遇到了种种阻碍，甚至在一段时期内出现停滞不前的现象。

（一）技术攻关战

海洋本身就给人一种神秘的感觉，开发利用海洋能的设备常常需要放置在海水中，这给检测、开发、利用海洋增加了难度系数。每一项海洋能的开发和利用都需要数种高科技，比如潮汐能发电装置要将其对海洋环境的破坏降到最低，同时人们还要考虑电站设备在水中的防腐性能；波浪能发电装置要考虑波浪载荷能力等；潮流能发电装置要考虑安装维护、电力输送、防腐、海洋环境中的荷载与安全性问题；盐差能发电的关键技术是膜技术，而我国的膜技术还不是很成熟，所以盐差能发电还很难商业化。

科技是第一生产力，我国海洋能技术相对薄弱，这制约了我国大规模开发和利用海洋能资源。因此，面对丰富的海洋资源，我国还要打响科技的攻坚战。

（二）商业化困难

以我国潮汐能为例，建设一座规模较大的潮汐电站，需要投资两三万元，而投资一座同等规模的火电站只需四千多元。据统计，海洋能发电成本比火电高五倍多，比风电高二倍多，比水电高三倍多。由于人们的绿色意识还比较薄弱，厂商和消费者更喜欢低价消费品，所以高成本的海洋能资源难以推广。

（三）一把"双刃剑"

开发利用海洋能可以改善我国能源结构，促进我国可持续发展，改善我国环境被破坏的现状，但是大家是否知道海洋的开发、利用等一系列人为因素对海洋环境的破坏？

法国朗斯潮汐电站建成运行后，国际上的学者一直对该电站争论不休。一些学者认为电站的建立会影响水中生物的自由迁徙、繁殖，甚至改变了海洋生态环境（比如影响水温、水质），导致一些珍稀物种的灭绝。因此，在破坏生态环境的舆论背景下，海洋能开发也举步维艰。

（四）一盘"散沙"

开发和利用一种新型能源并不是一项简单的任务，也不是一个部门就可以完成的。由于我国海洋能开发和利用还处于摸索阶段，各部门在协调和管理上杂乱无章，这也影响了海洋能的持续健康发展。

第八章　生物质能

第一节　生物质能面面观

随着人类对地球资源的大量开发利用，地球面临着巨大的危机，所以我们大力提倡发展新能源，共同保护我们的地球母亲。生物质能是新能源的重要组成部分之一，那么，大家知道什么是生物质能吗？下面我们就一起进入生物质能的世界。

一、生物质能是什么

要知道生物质能是什么，首先要知道什么是生物质。生物质就是指通过光合作用形成的各种有机体，就是平常所见到的动物、植物，甚至是肉眼看不见的微生物，这些都是生物质。

而生物质能，就是太阳能变身化学能贮存在生物质中的能量形式。它直接或间接地来源于绿色植物的光合作用，可转化为常规的固态、液态和气态燃料，可谓是取之不尽、用之不竭。要知道，生物质能是一种可再生能源，同时也是唯一一种可再生的碳源。

同学们都知道，地球上的生物种类很多，同学们平时见到的植物和动物都是，所以生物质能资源非常丰富，同时也是一种无害的能源。生物质能蕴藏在动物、植物和微生物等可以生长的有机物中，这些有机物通常包括木材、森林废弃物、农业废弃物、水生植物、油料植物、城市和工业有机废弃物、动物粪便等。同学们知道吗？其实生物质能蕴含着特别大的能量。地球每年经光合作用产生的生物质能有 1730 亿吨，要知道这其中蕴含的能量可是相当于全世界能量消耗总量的 10～20 倍，但可惜的是，目前生物质能的利用率不到 3%。

二、生物质能家族

生物质能不仅储藏量丰富，而且还有着庞大的家族。依据来源的不同，可以将适合于能源利用的生物质分为林业资源、农业资源、生活污水、工业有机废水、城市固体废物和畜禽粪便等六大类。

（一）林业资源

林业生物质资源是指森林生长和林业生产过程提供的生物质能源，大家可能会奇怪，森林生长怎么会产生生物质能源呢？可是，就是这么神奇，在森林抚育和间伐作业中产生的零散木材、残留的树枝、树叶和木屑等；在木材采运和加工过程中的枝丫、锯末、木肩、梢头、板皮和截头等；还有林业副产品的废弃物，如果壳和果核等，这些都是无处不在的林业生物质资源。

（二）农业资源

农业生物质能资源就是指农业作物（包括能源作物）。而能源植物是指各种能够提供能源的植物，包括草本能源作物、油料作物、制取碳氢化合物植物和水生植物等几类。农业生产过程中的废弃物，比如农作物收获时残留在农田内的农作物秸秆（包括玉米稻、高粱稽、麦秸、稻草、豆秸和棉秆等）；还有农业加工业的废弃物，譬如农业生产过程中剩余的稻壳等，这些也都是农业生物质能资源。

（三）污水废水

生活污水主要由城镇居民生活、商业和服务业的各种排水组成，生活中的洗浴排水、盥洗排水、洗衣排水、厨房排水、粪便污水等都是生活污水的主要来源。而工业有机废水则主要是酿酒、制糖、食品、制药、造纸和屠宰等行业在生产过程中排出的废水，这其中都富含有机物。

（四）固体废物

城市固体废物主要是由城镇居民生活垃圾，商业、服务业垃圾和少量建筑业垃圾等固体废物构成。其中的组成成分比较复杂，受当地居民的平均生活水平、能源消费结构、城镇建设、自然条件、传统习惯以及季节变化等因素影响。

（五）畜禽粪便

畜禽粪便是畜禽排泄物的总称，比如鸡鸭鹅的粪便，这些都是畜禽粪便。它是其他形态生物质（主要是粮食、农作物秸秆和牧草等）的转化形式，也就是这些畜禽吃进去的粮食、农作物秸秆和牧草所排出的粪便、尿液及其与垫草的混合物。

（六）沼气

沼气是一种可燃气体，它是由生物质能转换而成的，通常可以用来烧饭、照明。沼气是一种混合物，其主要成分是甲烷。由于这种气体最先是在沼泽中

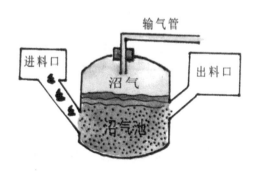

发现的，所以称为沼气。那么沼气是怎么形成的呢？沼气是有机物质在厌氧（没有氧气）条件下，经过微生物的发酵作用而生成的一种混合气体。也就是人畜粪便、秸秆、污水等各种有机物在密闭的沼气池内，在厌氧（没有氧气）条件下发酵，被种类繁多的沼气发酵微生物分解转化，从而产生沼气。

第二节　世界生物质能知多少

一、第四大能源——生物质能

同学们都知道世界三大能源是煤、石油和天然气，而这世界第四大能源就是生物质能。地球每年经光合作用产生的生物质能有 1730 亿吨，其能量相当于全世界能量消耗的 10 ~ 20 倍。并且，生物质能源是第三大可再生能源发电来源，在直接供热、间接供热和交通运输等行业，生物质能源都是最大的可再生能源。

二、生物质能的利用

传统的生物质能利用自古有之，我们的先辈利用薪柴取暖，驱赶野兽，蒸煮食品，冶炼工具。可以毫不夸张地说，生物质能源伴随着人类一路走来，在我们人类文明发展中有着不可替代的重要作用。生物质能在整个能源系统中占有重要地位，仅次于煤炭、石油和天然气，位居世界能源消费总量第四位。而根据科学家的估算，到 21 世纪中叶，采用新技术生产的各种生物质替代燃料将占全球总能耗的 40% 以上。

（一）沼气利用

沼气是有机物被微生物分解生成的一种可燃性气体。沼气在农村的用途很广，主要用来照明做饭，但随着科技的进步和沼气技术的完善，沼气的应用范围也越来越广，如今在许多方面发挥着作用。猪场粪便沼气发酵处理的例子可以帮助大家深入理解。

猪粪水既是一种优质有机肥源，又是一种良好的生物质能资源。猪粪水在沼气池的作用下由生物质能变身沼气，回收到的沼气可用于生活照明，剩下的沼液沼渣也各有用途。猪场粪便沼气发酵技术不仅解决了猪场污水处理的难题，同时又提供了能源，可谓两全其美。

（二）生物转化

大部分同学对生物转化过程是很陌生的，下面请大家一起来简单了解一下生物转化的过程吧：生物转化一般可以分为两种，一种是厌氧消化，一种是乙醇发酵。厌氧消化主要依靠不需氧微生物将固体有机物转化成甲烷、二氧化碳、氢等；乙醇发酵主要是指将那些甘蔗、番薯、甜菜等糖类作物发酵转化成乙醇的过程。

第三节　发展中的中国生物质能

一、丰富生物质能资源

据测算，我国理论生物质能资源为 50 亿吨左右。随着农林业的发展，特别是炭薪林的推广，生物质资源将越来越多。截至 2015 年，生物质发电累计装机容量为 1708 万千瓦，并网约为 1171 万千瓦，主要是农村生物质直燃发电和城市生活垃圾焚烧发电。

中国已经开发出多种固定床和流化床气化炉，以秸秆、木屑、稻壳、树枝为原料生产燃气。2006 年用于木材和农副产品烘干的有 800 多台，村镇级秸秆气化集中供气系统近 600 处，年生产生物质燃气 2000 万立方米。

二、能源潜力股

（一）沼气利用工程的发展空间

沼气的利用主要包括沼气燃气和沼气发电两个方面。目前，中国农村生物质能开发利用已经进入了加快发展的重要时期。根据"十二五"规划，我国将在全国范围内新建大型沼气工程 3150 处，中型沼气工程 10 000 处，小型沼气工程 15 500 处，规模化天然气工程 172 处。农村居民通过使用清洁的气体燃料，生活条件得到根本改善。

中国经过 20 多年的研发应用，在全国建设的大中型沼气工程和户用农村沼气池的数量已位居世界第一。不论是厌氧消化工艺技术，还是建造、运行管理等都积累了丰富的实践经验，整体技术水平都已进入国际先进行列。

同学们，沼气发电也是沼气运用的途径之一，并且发展前景广阔，但目前仍然存在一些障碍，如技术障碍、市场障碍、政策障碍等，但当技术、市场、政策等壁垒被克服后，沼气产业发展的空间还是巨大的。

（二）生物质能发电的发展前景

目前，生物质发电主要包括沼气发电、生物质直燃发电、生物质混燃发电、农林秸秆生物质气化发电、生物质炭化发电、林木生物质发电等方面，通俗而言就是把生物质能源转化为电能。并且这场能源的转换正面临着前所未有的发展良机：一方面，石油、煤炭等不可再生的化石能源价格飞涨。煤炭作为一次性能源，用一吨少一吨。而中国小麦、玉米、棉花等农作物种植面积很大，产量很高，而且农作物是可再生资源，秸秆发电具有取之不尽的资源优势和低廉的成本优势。另一方面，各地政府在国家持续不断的节能减排政策下，对落实和扶持生物质能源发电有着相当大的热情。国家电网公司担任大股东的国能生物质发电公司目前已有19个秸秆发电项目得到了主管部门批准，大唐、华电、国电、中电等集团也纷纷加入，河北、山东、江苏、安徽、河南、黑龙江等省份的100多个县、市开始投建或是签订秸秆发电项目。

下面介绍的是生物质直接燃烧发电（简称生物质发电），它是目前世界上仅次于风力发电的可再生能源发电技术。据初步估算，在中国，仅农作物秸秆可开发量就有6亿吨，其中除部分用于农村炊事取暖等生活用能，满足养殖业、秸秆还田和造纸需要之外，中国每年废弃的农作物秸秆约有1亿吨，折合标准煤5000万吨。照此计算，预计到2020年，全国每年秸秆废弃量将达2亿吨以上，折合标准煤1亿吨，相当于煤炭大省河南一年的产煤量。

（三）生物质固体燃料的发展模式

生物质固体成型燃料是一种神奇的燃料，也是农业部今后的重点发展领域之一。农业部将重点示范推广农作物秸秆固体成型燃料，重点在东北、黄淮海和长江中下游粮食主产区进行试点示范建设和推广，发展颗粒、棒状和块状固体成型燃料，并同步开发推广配套炉具，为农户提供炊事燃料和取暖用能。

丰富、清洁、环保又可再生的生物质能源过去并没有得到重视，而是被白白浪费掉。河南农业大学张百良教授分析指出，除去饲养牲畜、工业用和秸秆还田，中国每年还具有4亿吨制作成型燃料的资源可以生产1.5亿吨成型燃料，可替代1亿吨原煤，相当于4个平顶山煤矿的年产量。以农作物秸秆为原料的生物质固体燃料产业规模虽然不是很大，但因目前开发程度低，发展空间仍很巨大。

三、中国生物质能的疑难杂症

（一）认识不够

生物质能源目前处于一个很尴尬的境地。很多人对于生物质能源没有一个深入的了解，甚至初步的认识也达不到，更别说大家共同去开发生物质能源了。所以发展生物质能需要我们全民总动员，需要依靠大家的力量发展。

（二）补贴门槛过高

大家知道吗？对生物质能源的支持，国家是采取了多种补贴手段的。但是这些补贴门槛过高，手续烦琐，先垫付后补贴也困扰着不少企业。受制于这些现实难题，财政部的补贴政策遭遇落地难。

（三）布局不好要吃亏

同学们有没有考虑过一个企业要建多大产能的好？其实没有最好，只有最适合的，适合的就是好的，一定切记要因地制宜。密集地区可以建气化发电，做成型燃料，不一定去建发电厂。而且专家们都建议企业要多方考虑，合理布局，否则很容易陷入发展困境。

（四）成本价格难控

受耕作制度的限制，我国农村土地高度分散，给资源的收集、储存、运输带来很大不利因素。所以地方政府应对此进行协调，比如利用示范效应，鼓励农民种植秸秆作物，做好企业与农户的结合，平衡好企业和农户之间的利益。

（五）技术投入小

我国的生物质能源技术与国外仍有一定的差距，但目前的技术加上国家的补贴还是可以维持产业化经营的。技术进步永无止境，我们要加强生物质能技术的研究，加大技术投入，把生物质能源产业发展壮大！

科普知识

狙击雾霾的新武器——生物质能

雾霾近几年成了我们生活中的热词。雾霾天气是温室效应显著增强带来的恶果之一。在全球变暖的大环境下，大气环流异常使污染物难以扩散，全球变暖和雾霾天气的出现，最根本的原因是化石能源粗放性使用等带来的环境污染。雾霾不仅危害着我们的健康，也影响了我们每一天的好心情。越来越多的人开始关注地球环境。

生物质能是世界第四大能源。用生物质能替代煤炭能源就可以减少煤炭、石油化石能源的使用，从而有效地缓解雾霾污染。生物质能源相较于其他可再生清洁能源具有明显的优势，即含有碳基，不仅可作能源使用，还可以转变成新的物质参与经济循环；生物质形成的过程就是碳的生物化学地球循环的过程，这一过程消耗物是大气圈中的二氧化碳。生成物是可资源化的生物质，在过程中还能够消化吸收水体、土壤中的重金属离子和其他污染物，具有修复大气、土壤、水体的生态作用。因此，生物质能可说是消灭雾霾、保护环境的新武器。

第九章 地热能

第一节 何为地热能

一、地热能从哪里来

同学们可能有所不知，地热能在当今社会的发展过程中可是扮演着越来越重要的角色，那么同学们知道地热能是从哪里来的吗？

地热能是地壳抽取的天然热能，这种能量来自地球内部的熔岩，并以热力形式存在，是引致火山爆发及地震的能量。地球内部的温度高达 7000 摄氏度，而在 80 至 100 公里的深度处，温度会降至 650 到 1200 摄氏度。透过地下水的流动和熔岩涌至离地面 1 至 5 公里的地壳，热力得以被传送至较接近地面的地方。高温的熔岩将地下水加热，这些加热了的水最终会渗出地面。

大部分的地热能来自地球深处的可再生性热能，那是由于地球的熔融岩浆和放射性物质的衰变而产生的。此外，还有 5% 的地热能产生于太阳能。地热能大多集中在地球构造板块边缘一带，而这些也大都为火山和地震的多发区域。

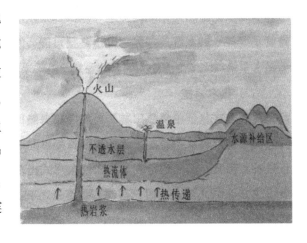

二、细分地热能

（一）温水系统

如果水无论在地表还是在地球深部都是以液相存在是不是很神奇？温水系统就是这样一种系统，并且部分水甚至可能会发生沸腾。在我们的身边也存在着温水系统，比如全球绝大部分的温泉，其地下均属于这类系统。

（二）热水系统

西藏羊八井、羊易热田、云南腾冲热海热田其实都属于一种叫热水系统的地热能系统。热水系统是指水于地下深处以热水形式存在，当它上升至地表附近时发生沸腾，而到达地表后亦以沸泉形式出现。发生沸腾的部位一般距离地表仅仅 10 余米之深，有时也可深到数百米之下，但是仅发生在储热顶部，或钻孔井管之中。

（三）两相系统

目前，世界上已有很多具有规模的地热发电站。在热水系统中如果沸腾的深度加深，沸腾带也随之加深，这时的储热层中不仅含有热水，同时还有大量水蒸气，这种水、汽共存的水热系统我们称之为两相系统。沸腾带越深，含水蒸气量就越大，压力也随之增大。而这些具有规模的地热发电站，就是开发利用这类两相系统的高温地热资源来发电的。

（四）蒸汽系统

当储热层中全部为水蒸气，则可称作蒸汽系统。目前，全球已被确认为蒸汽系统的热田还为数不多，已知的有美国西部的盖瑟尔斯、意大利中部的拉德瑞罗、印度尼西亚的卡玛江等。

（五）地压系统

其实水热系统中存在着深埋的和充满水的渗透层，而这一渗透层又被后来的细粒等沉积物密封住，而且被埋在 4000 ~ 5000 米深、水温在 150 ~ 180 ℃的地方，并且这个渗透层压力极高，所以称地压系统。地压系统中的地热流体除含有大量的热能外，还含有大量的甲烷。我国东部沿海地区已被认为有地压系统存在，目前仍属勘察阶段。

第二节　地热能世界观

一、地热能在哪儿

其实，地热能是可再生的清洁能源，如果热量提取速度不超过补充的速度，热能则是再生的。据估计，每年从地球内部传到地面的热能非常巨大，其中距地表 2000 米内储藏的地热能相当于 2500 亿吨标准煤。但是，地热能的分布相对来说比较分散，所以地热能的开发难度仍然很大。世界地热资源主要有以下五个地热带（见下表）。

冰岛是地热能储藏最丰富的国家，也是欧洲最早利用地热能的国家之一。早在 15 世纪，冰岛人就知道利用地热能进行农业生产了。

世界地热资源分布带

地热带	地热能发布
环太平洋地热带	世界最大的太平洋板块与美洲、欧亚、印度板块的碰撞边界，即从美国的阿拉斯加、加利福尼亚到墨西哥、智利，从新西兰、印度尼西亚、菲律宾到中国沿海和日本。世界许多地热田都位于这个地热带，如美国的盖瑟斯地热田、墨西哥的普列托、新西兰的怀腊开、中国台湾的马槽和日本的松川、大岳等地热田
地中海、喜马拉雅地热带	欧亚板块与非洲、印度板块的碰撞边界，从意大利直至中国的滇藏。如意大利的拉德瑞罗地热田和中国西藏的羊八井、云南的腾冲地热田均属这个地热带
大西洋中脊地热带	大西洋板块的开裂部位，包括冰岛和亚速尔群岛的一些地热田
红海、亚丁湾、东非大裂谷地热带	红海、亚丁湾、东非大裂谷地热带
其他地热区	除板块边界形成的地热带外，在板块内部靠近边界的部位，在一定的地质条件下也有高热流区，可以蕴藏一些中低温地热，如中亚、东欧地区的一些地热田和中国的胶东、辽东半岛及华北平原的地热田

二、变化多样的地热能

1904 年，意大利的皮耶罗·吉诺尼·康蒂王子在拉德雷罗首次将天然的地热蒸汽用于发电，试图探索运用地热能。随着技术的不断进步，地热能的利用方式也实现了多样化，并且不同温度的地热流体利用方式也不一样，实现了阶梯式发展。

当前，随着人们环保意识的逐渐增强和化石能源的日趋紧缺，人们开始尝试探索对地热资源的合理开发使用。地热能日益成为人们生产生活的重要部分。

世界地热资源分布带

温度	利用方式
200～400 ℃	直接发电及综合利用
150～200 ℃	双循环发电、制冷、工业干燥、工业热加工
100～150 ℃	双循环发电、供暖、制冷、工业干燥、脱水加工、盐类回收
50～100 ℃	供暖、温室、家庭用热水、工业干燥
20～50 ℃	沐浴、水产养殖、饲养牲畜、土壤加温、脱水加工

（一）地热与工业

地热利用的重要方式就是地热发电。与火力发电不同的是，地热发电只需要利用地热能源，无须装备庞大的锅炉和消耗其他能源，是一种很方便的发电方式。此外，根据载热体、温度、压力和其他特性的不同，地热发电方式也可划分为蒸汽型地热发电和热水型地热发电两种。

科普知识

美国的盖瑟尔斯地热电站

美国的盖瑟尔斯地热电站，其第一台地热发电机组（11兆瓦）于1960年启动，以后的10年中，2号（13兆瓦）、3号（27兆瓦）和4号（27兆瓦）机组相续投入运行。20世纪70年代共投产9台机组，80年代以后又相继投产一大批机组，其中除13号机组容量为135兆瓦外，其余多为110兆瓦机组。

目前，地热发电是当今较为普遍的发电方式。据2010年世界地热大会统计，全世界共有78个国家正在开发利用地热技术，27个国家利用地热发电。

（二）地热与生活

在利用方式上仅次于地热发电的为供暖和供热。这种方式备受位于高寒地带的国家的重视，最为典型的就是冰岛。冰岛人利用地热资源主要在两个方面：地热取暖和地热融雪。目前，雷克雅未克拥有的自动化热力站，基本上实现了全市供暖。而自20世纪80年代以来，冰岛人民在冬季，将地热能用于加热地面和融化积雪。当路面冰层较厚的时候，大多数的雪融系统都能够使用温度达80C的热水除冰，这为冰岛人的出行带来了极大的便利。

（三）地热与医疗

由于地热水是从很深的地下提取的，所以含有一些特殊的化学元素，具有神奇的医疗作用，而热矿水被各国都视为宝贵的医药资源。如含碳酸的矿泉水可调节胃酸、平衡人体酸碱度；含铁矿泉水可治疗缺铁贫血症；氢泉、硫水氢泉洗浴可治疗神经衰弱和关节炎、皮肤病等。

由于温泉的医疗作用及伴随温泉出现的特殊的地质、地貌条件，温泉常常成为旅游胜地，吸引大批疗养者和旅游者。如日本有1500多个温泉疗养院，吸引了世界近1亿的人前去疗养。

第三节 成长中的中国地热能

一、挑剔的地热能

目前，我国地热资源潜力巨大。根据国土资源部 2011 年发布的数据，全国主要盆地地热资源相当于 8530 亿吨标准煤，年可利用量相当于 6.4 亿吨标准煤，这可是一个庞大的数字。而在地热利用规模上，我国近些年来一直位居世界首位。下面我们就一起来看一看我国地热资源的分布情况。

其实，地热资源的分布位置较为特别。我国常规的地热资源以中低温为主，主要埋深在 200～4000 米的地方，根据地热运移方式的不同，地热资源一般分为传导型地热资源和对流型地热资源。传导型地热资源主要分布在中东部沉积盆地，而对流型地热资源主要分布在云南、四川、广东、福建、山东及辽东半岛等地。

我国的高温地热资源十分有限，仅限于西藏、云南腾冲和台湾北部地区，而这也是我国地热发电受到限制、发展缓慢的主要原因。

二、历史悠久的地热能

地热能在我国分布极为广泛，其中以西藏最为典型。地热能的利用时间非常悠久，早在西周时期就有关于地热能利用的相关记载，到了唐代，皇帝在陕西临潼县建了华清池，而唐玄宗每年冬天都会携杨贵妃到此游宴、沐浴。据

此，诗人白居易还曾在名诗《长恨歌》中写道："回眸一笑百媚生，六宫粉黛无颜
色。春寒赐浴华清池，温泉水滑洗凝脂。"这温泉水说的就是对地热能的利用。

　　接下来为大家介绍的是美丽的西藏羊八井。羊八井位于世界屋脊—青藏
高原中南部的当雄县内。在西藏和平解放之前，西藏只有一座小型电站，后来
被大水冲毁，导致西藏地区在很长一段时间内是没有电的。到了 20 世纪 70 年
代，地质勘探队员们在拉萨西北的羊八井地区发现了冒着蒸腾热气的温泉，于
是，便有了中国著名的地热发电站—羊八井电站。每年二、三季度水量丰富
时靠水力发电，一、四季度靠地热发电，能源互补。羊八井地热的开发利用，
开创了国际上利用中低温地热发电的先河，在世界新能源的开发利用上占有重
要位置。

　　随着技术的不断发展，我国在利用地热水进行建筑供暖、发展温室农业和温泉旅游等方面取得了较大的发展。目前，全国已基本形成了以西藏羊八井为代表的地热发电、以天津和西安为代表的地热供暖、以东南沿海为代表的疗养和以华北平原为代表的种植与养殖开发利用格局。

三、中国地热能的成长

　　根据我国地热开发利用现状、资源潜力评估和国家、地区经济发展预测，地热产业规划目标、任务可分为初期、中期、远期三个阶段。

我国地热产业规划目标与任务

时 间	地热能 利用方式	目 标	任 务
初期	地热发电	力争发电潜力 达 12 兆瓦	主要在羊八井地热电站对现有地热发电装备进行完善、优化，稳发 25 兆瓦；力争利用 ZK4001 孔高温地热流体，增发、满发、达到总装机 30 兆瓦；努力完成滇西腾冲高温地热井施工，打出 250 ℃地热流体
	地热采暖	地热采暖达到 950 万平方米	主要在京津地区、京九沿线的山东西部、松辽盆地的大庆地区，完善、优化已有地热供热工程，选点建立示范区
中期	地热发电	高温地热发电 装机达到 40～ 50 兆瓦	主要在西藏羊八井，开发利用已有深部高温热储，使 ZK4001 地热井得以利用（温度 250℃以上，发电 10 兆瓦）；积极建设西藏羊易地热电站，拟定装机 12 兆瓦；在滇西腾冲高温地热田力争完成 250 ℃以上 1～2 口地热生产井施工，发电潜力 12 兆瓦以上
	地热采暖	地热采暖达到 1500 万平方米	主要在京津冀、京九沿线的山东西部、松辽盆地的大庆地区建立地热示范区。单井地热采暖达 10 万～15 万平方米，单个地热采暖区 50 万～100 万平方米。在已开发的地热田建立生产回灌系统
远期	地热发电	发电装机达到 75～100 兆瓦	主要在滇藏高温地热区勘探开发 200～250℃以上深部热储。力争单井地热发电潜力达到 10 兆瓦以上，单机发电 10 兆瓦以上
	地热采暖	地热采暖达到 2200～2500 平 方米	主要在京津冀地区、环渤海经济区、京九产业带、东北松辽盆地、陕中盆地、宁夏银川平原地区发展地热采暖、地热高科技农业，建立地热示范区。单井地热采暖工程力争达到 15 万平方米

四、中国地热能成长难题

我国地热资源的储量非常丰富，可利用率较高，具有巨大的商业化潜力，在未来，地热能有望成为继页岩气、天然气之外的重要能源。

但目前中国的地热资源的开发利用还处于初级阶段，其中，技术落后、开采效率低、环境污染等问题较为突出。

（一）技术落后，地热资源开发利用水平低

我国地热资源真正的科学开发利用与国外相比起步还是比较晚的，并且梯级利用的方式也没有得到广泛应用。很多对地热资源开发利用的企业规模较小，工艺流程和管理水平落后，技术水平低，使地热资源仅停留在洗浴、游泳、养殖等少数项目上，其利用价值得不到充分发挥，浪费现象非常严重。

（二）对地热资源的特点及开发的意义认识不足

首先，开发商对地热资源的特点缺乏认识，开采具有盲目性，从而导致地热资源得不到合理开发和有效保护。其次，大家对地热资源的应用范围认识不足，比如有些人认为地热量太少或中低温地热资源不能用来发电，导致中低位地热发电进展缓慢。此外，公众对于地热资源开发的综合利用价值和产业化开发利用的意义认识不深，也导致一些地热资源丰富的地区难以把地热资源优势与经济发展、环境改善较好地结合在一起。

目前，我国利用地热发电还处于刚刚开始的阶段，而将地热能用于染织、养鱼、取暖、医疗和洗浴等方面，效果则很好，每年大约可节约煤炭 4300 吨。但如何进一步发掘地热能的潜力则成为一个现实难题。

第十章　氢能

第一节　揭秘氢能

一、氢能是什么

氢在地球上主要是以化合态的形式出现的，它是宇宙中分布最广泛的物质，甚至构成了宇宙质量的 75%。而氢能是通过氢气和氧气反应所产生的能量，且在 21 世纪有可能成为一种举足轻重的能源。

氢能是一种极为优越的新能源。首先，它的燃烧热值很高，每千克氢燃烧后的热量比汽油、酒精和焦炭要高得多。其次，氢能燃烧之后产生的大部分是水，它可是号称世界上最干净的能源。并且，氢能资源丰富，氢气就可以由水制取，而水则是地球上最为丰富的资源。因此，氢能可谓是取之不尽用之不竭。其实，氢能是一种二次能源，因为它是通过一定的方法，利用其他能源制取的，而不像煤、石油和天然气等可以直接从地下开采。许多科学家认为，氢能在 21 世纪有可能成为世界能源舞台上一种举足轻重的二次能源。在自然界中，氢易和氧结合成水，必须用电分解的方法把氢从水中分离出来。但如果用煤、石油和天然气等能源燃烧所产生的热能转换成的电能来分解水制氢，那显然并不合算，因为煤、石油和天然气本身就可以作为能源直接利用。现在看来，高效率制氢的基本途径是利用太阳能。如果能用太阳能来制氢，那就等于把无穷无尽的分散的太阳能转变成了高度集中的干净能源了，其意义就十分重大了。

目前，利用太阳能分解水制氢的方法有很多种，比如太阳能热分解水制氢、太阳能发电电解水制氢、阳光催化光解水制氢、太阳能生物制氢等。大家要知道利用太阳能制氢有重大的现实意义，但这却是一个十分困难的研究课题，有大量的理论问题和工程技术问题需要解决。当然，世界各国都十分重视利用太阳能制氢，投入了不少的人力、财力、物力，并且也已经取得了多方面的进展。大家可以想象，以后用太阳能制得的氢能将成为人类普遍使用的一种优质干净的燃料。

二、氢能的个性

氢位于元素周期表之首，在常温常压下通常为气态，而在超低温高压下则义可成为液态。作为能源，氢有以下特点：

（一）重量最轻

在所有元素中，氢重量最轻。在低温时，可成为液体，如果将压力增大到数百个大气压，液氢就可变为固体氢。

（二）导热性最好

在所有气体中，氢气的导热性最好，因此在能源工业中氢是极好的传热载体。

（三）存在最普遍

氢是自然界中最普遍的元素，除空气中含有氢气外，它主要以化合物的形态贮存于水中，而水是地球上最广泛的物质。据推算，如果把海水中的氢全部提取出来，它所产生的总热量比地球上所有化石燃料放出的热量还多9000倍。

（四）发热值高、燃烧性能好

除核燃料外，氢的发热值是所有化石燃料、化工燃料和生物燃料中最高的，其发热值是汽油的3

倍。并且，氢燃烧性能好，点燃快，与空气混合时有广泛的可燃范围，燃烧速度快。

（五）氢本身无毒无污染

与其他燃料相比，氢燃烧时最清洁，除生成水和少量氨气外，不会产生对环境有害的污染物质。而少量的氨气经过适当处理也不会污染环境，并且燃烧生成的水还可继续制氢，反复循环使用。

（六）利用形式多

氢能既可以通过燃烧产生热能，又可以作为能源材料用于燃料电池。如用氢代替煤和石油，不需对现有的技术装备做重大的改造，现在的内燃机稍加改装即可使用，十分便捷。

（七）适应性强

氢的适应性很强，可以以气态、液态或固态的氢化物出现，能适应贮运及各种应用环境的不同要求。

第二节 绿色氢能大变身

氢能被视为21世纪最具发展潜力的清洁能源，其实200年前人类对氢能应用就产生了兴趣。20世纪70年代以来，世界上许多国家和地区广泛开展了氢能研究。

1869年俄国著名学者门捷列夫整理出化学元素周期表，他把氢元素放在周期表的首位。1928年，德国齐柏林公司利用氢的巨大浮力，制造出了LZ-127"齐柏林伯爵"号飞艇，首次把人们从德国运送到北美洲，完成了空中飞渡大西洋的壮举。如今，世界各国如冰岛、中国、德国、日本和美国等不同国家在氢能交通工具商业化方面都有了很大的发展。

一、氢动力汽车

以氢气代替汽油作为汽车发动机的燃料，这项技术已经在日本、美国、德国等许多国家的汽车公司进行了试验，证明了技术是可行的。

在氢能汽车的供氢方面，目前是以金

属氢化物为贮氢材料，释放氢气所需的热可由发动机冷却水和尾气余热提供。现在有两种氢能汽车，一种是全烧氢汽车，另一种为氢气与汽油混烧的掺氢汽车。中国许多城市交通拥挤，汽车发动机多处于负荷下运行状态，采用掺氢汽车尤为有利。特别是有些工业余氢（如合成氨生产）未能回收利用，若作为掺氢燃料，其经济效益和环境效益都是可观的。

德国奔驰汽车公司已陆续推出各种燃氢汽车，其中有面包车、公共汽车、邮政车和小轿车。以燃氢面包车为例，使用 200 公斤钛铁合金氢化物为燃料箱，代替 65 升汽油箱，可连续行驶 130 多公里。

二、氢能发电

大型电站，无论是水电、火电或核电，都是把发出的电送往电网，由电网输送给用户。但是各种用电户的负荷不同，电网有时是高峰，有时是低谷。为了调节峰荷，电网中常需要启动快和比较灵活的发电站，氢能发电最适合扮演这个角色。利用氢气和氧气燃烧，组成氢氧发电机组，它不需要复杂的蒸汽锅炉系统，结构简单，维修方便，启动迅速，开关方便。并且，在电网低负荷时，还可吸收多余的电来进行电解水，生产氢和氧，以备高峰时发电用。这种调节作用对于电网运行是十分有利的。

三、燃料电池

氢燃料电池是利用氢和氧经过一系列反应而产生电能的装置。20世纪70年代以来，日、美等国加紧研究各种燃料电池，现已进入商业性开发阶段。日本已建立万千瓦级燃料电池发电站，美国有30多家厂商在开发燃料电池，德、英、法、荷等国也有多家公司投入到燃料电池的研究，这种新型的发电方式已引起世界的关注。

燃料电池是将燃料的化学能直接转换为电能，不需要进行燃烧，能源转换效率可达60%～80%，而且污染少，噪声小，装置可大可小，非常灵活。早前，这种发电装置很小，造价很高，现在已大幅度降价，逐步转向全面应用。

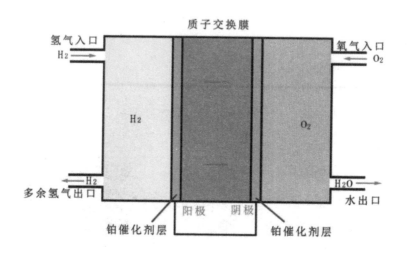

燃料电池

还有几种类型的燃料电池，如碱性燃料电池，运行温度约200℃，发电效率也可高达60%，且不用贵金属作催化剂。瑞典已开发200千瓦的一个装置用于潜艇。美国最早用于阿波罗飞船的一种小型燃料电池实为离子交换膜燃料电池，它的发电效率高达75%，运行温度低于100℃，但是必须以纯氧作氧化剂。后来，美国又研制出一种用于氢能汽车的燃料电池，充一次氢可行300公里，时速可达100公里，这是一种可逆式质子交换膜燃料电池，发电效率高达80%。

四、家庭用氢

随着制氢技术的发展和化石能源的不断减少，氢能利用迟早是要进入家庭的。首先是在发达的大城市，氢气可以像煤气一样，通过管道送往千家万户，

厨房灶具、浴室、冰箱、空调机等都可以运用氢能了。将来，氢能管道可以代替煤气、暖气甚至电力管线，连汽车的加油站也省掉了。这样清洁方便的氢能系统，也会给大家创造舒适的生活环境。

第三节　中国氢能在路上

一、下一个能源主角——氢能

我国正处于工业化的起飞阶段，根据中国社科院数量经济研究所的数据，预计到 2050 年，我国一次能源需求将达 34.4 亿～41.5 亿吨标准煤，其中石油、天然气缺口也急剧扩大。对于我国未来能源供应面临的巨大挑战，可再生能源和氢能的有机组合将是可靠的解决方法。而发展氢能燃料电池汽车将是我国经济持续发展的新的增长点。氢燃料电池技术也将引发一场汽车技术革命。

二、灵活多变的氢能

氢能是 21 世纪最具发展潜力的清洁能源，而人类对氢能的应用在 200 年前就开始了。我国对氢能的研究则可以追溯到 20 世纪 60 年代初，中国科学家为发展本国的航天事业，对作为火箭燃料的液氢的生产、H_2-O_2 燃料电池的研制与开发进行了大量有效的工作。将氢作为能源载体和新的能源系统进行开发，则是从 20 世纪 70 年代开始的。1999 年，清华大学研制出了中国第一辆氢燃料电池汽车。21 世纪以来，氢能技术迅速发展，利用方式也逐渐多样。

（一）航天动力

大家可能有所不知，我国的长征 2 号、3 号火箭就是以液氢为燃料。而目前科学家正研究一种"固态氢"宇宙飞船。固态氢既作为飞船的结构材料，又作

为飞船的动力燃料，在飞行期间，飞船上所有的非重要零部件都可作为能源消耗掉，飞船就能飞行更长的时间。

（二）交通运输

氢能源汽车又分为氢动力汽车和氢燃料电池汽车。氢动力汽车是在传统内燃机的基础上改造之后直接使用氢为燃料产生动力的内燃机。我国在2007年自主研制了氢内燃机，并制造了自主的氢动力车——"氢程"。

（三）燃烧氢气发电

氢能发电是利用氢气和氧气燃烧，组成氢氧发电机组。这种机组不需要复杂的蒸汽锅炉系统，结构简单，维修方便，具有启动快和灵活等特点，可以为大型电站调节峰荷。同时氢和氧还可直接改变常规火力发电机组的运行状况，提高电站的发电能力。

三、中国氢能发展阻力

我国在氢能研发过程中处于初始阶段，和国外发达国家相比，我国氢能研发投入还非常有限，但我国在氢能研发方面取得了不小进步，尤其在储氢材料和技术等方面处于领先位置。目前，氢能的发展主要面临以下几个问题：

（一）氢能的成本过高

燃料电池的成本一直居高不下，加氢站等基础设施的建设需要很大投入，储氢成本也异常高昂。每辆燃料电池车的成本高达8万美元,高成本限制了氢能技术的广泛应用和氢能的规模化生产。

（二）氢能对安全性和有效性要求很高

氢气的爆炸性很强，在氢气的制备、储存和运输过程中，都可能面临泄露和爆炸的危险，而目前的技术条件还无法完全保证氢能在不同状况下的安全。

（三）目前氢气的分离效率和储存密度较低

即使是液态氢，相同的能量其体积也会大大高于汽油，而一个装满的氢气罐只能行驶约180千米，因此需要在路上设立像加油站那样的氢气站。

在目前化石燃料尚未枯竭的情况下，传统的石油、煤炭等工业不可能立即退居次席，它们仍会有大规模的投入，这就影响了氢能技术研发的投入和发展。

目前许多人对氢有偏见、疑虑，甚至恐惧。他们担心氢气的来源、氢的安全等。变革的第一步往往是最艰难的，但是为了保护环境，我们必须迈出这一步，必须改变现有的能源结构。能源的替代需要一个过程，一般要几十年，甚至上百年，但我们要未雨绸缪，要通过积极的研究创新来努力缩短氢能大规模应用的进程。

科普知识

氢能小常识

氢能的产生方式：

(1) 以天然气、石油和煤为原料，在高温下与水蒸气反应而制得。

(2) 以天然气、石油和煤为原料，以氧化法制得。

(3) 电解水制得氢气。

(4) 生物质气化制氢气。

(5) 光解水制得氢气。（后两种是最佳方式）